TOURING-CLUB DE FRANCE

Manuel

de

l'Arbre

PRÈS DES SOURCES DE L'AIN

Hommage à Monsieur Marcel,

Membre du Comité des Sites et Monuments Pittoresques.

Le Président du Touring-Club de France,

A. Ballif

L'ARBRE, LA FORÊT ET LES PÂTURAGES DE MONTAGNE

MANUEL

DE

L'ARBRE

POUR

L'ENSEIGNEMENT SYLVO-PASTORAL DANS LES ÉCOLES

PAR E. CARDOT

Inspecteur des Eaux et Forêts   Membre de la Commission des Pelouses et Forêts du Touring-Club de France

PARIS

TOURING-CLUB DE FRANCE

65, Avenue de la Grande-Armée, 65

1907

A diverses reprises des Congrès de Sylviculture, d'Agriculture, des Corps constitués de nos régions de montagne, ont émis le vœu que « des notions d'économie forestière et pastorale soient « données aux élèves des écoles normales et primaires ».

C'est chose faite aujourd'hui. A la demande du Touring-Club, le Ministre de l'Instruction publique et le Ministre de l'Agriculture ont, en février 1906, adressé des instructions à leur personnel respectif pour que les « instituteurs soient mis à même, après entente avec les agents des « Eaux et Forêts, de donner ces notions nouvelles à leurs élèves ».

C'est pour contribuer à cette œuvre nécessaire que le Touring-Club publie ce petit livre, heureux s'il peut être de quelque secours aux hommes de dévouement auxquels incombe la tâche patriotique d'instruire la jeunesse et de préparer la mentalité des générations futures.

En leur fournissant ainsi un moyen de répandre parmi ces générations le Culte de l'arbre, d'éveiller de bonne heure l'attention de l'enfant sur les bienfaits de la forêt, par qui le climat se fait plus clément, le cours d'eau plus régulier, l'herbe elle-même plus fraîche et meilleure nourricière des troupeaux, la montagne plus pittoresque et la plaine plus riante, le Touring-Club demeure fidèle à son but qui est de conserver et d'accroître sans cesse, dans l'intérêt du tourisme, notre patrimoine de richesses et de beautés naturelles.

Puissent ceux qui liront ce livre s'inspirer de son esprit et en réaliser la pensée !

Ce sera la meilleure et la plus belle des récompenses pour le Touring-Club et pour tous ceux qui lui ont prêté leur concours, l'auteur du livre, M. Cardot, MM. Daubrée, Directeur général des Eaux et Forêts, Dabat, Directeur de l'Hydraulique Agricole, Calvet, sénateur, Mougin, Sardi, Thiollier et Perrot, inspecteurs des Eaux et Forêts, auxquels nous sommes redevables des clichés photographiques qui illustrent l'ouvrage.

Associons à cet hommage MM. Cueille et Bouché, photograveurs, et L. Pochy, imprimeur, lesquels ont apporté à l'exécution des photogravures et à l'impression de l'ouvrage une note artistique qui en double la valeur.

Le Président du Touring-Club de France,

A. BALLIF.

PRÉFACE

J'ai semé, les générations futures récolteront.

PHILIPPE CARDOT.

Ce petit livre est dédié à la jeunesse. Il répond au désir récemment exprimé par MM. les Ministres de l'Instruction publique et de l'Agriculture que des notions sommaires de sylviculture et d'améliorations pastorales soient données dans les Écoles.

Son but est, surtout, d'inspirer aux enfants l'amour de l'arbre et des forêts, de faire ressortir l'utilité, le rôle essentiel que ces sociétés végétales jouent dans la nature et leurs rapports nombreux et étroits avec nos sociétés humaines.

Le maintien en bon état des pelouses de montagne n'offre pas moins d'intérêt, et leur dégradation, qui accompagne ou suit généralement les destructions forestières, entraîne comme celles-ci des conséquences si redoutables sur le régime des cours d'eau et si funestes à la prospérité publique qu'il importait également de leur consacrer une place importante.

Comment conserver les forêts et maintenir en bon état les versants montagneux ? — La réponse à ces deux questions est donnée par un exposé très sommaire de notions de sylviculture et d'exploitation pastorale.

Ce livre renferme en outre quelques aperçus sur l'histoire physique du globe ; il donne un exposé des transformations successives qui s'accomplissent à sa surface. L'homme, qui semble si petit, qui occupe une place si exiguë dans l'immensité des espaces terrestres, n'en exerce pas moins sur ces transformations une influence qu'il importait de mettre en lumière. En détruisant les forêts, les pelouses de montagne, il agit sur le climat, sur la terre, sur le fleuve, sur le relief du sol — sur sa fécondité même. — L'homme peut produire la sécheresse ; il peut créer le steppe , il peut créer le désert. Il peut tarir toutes les sources de la vie à la surface du globe. Et si l'on s'en réfère aux leçons du passé, si non content d'interroger les ruines des cités antiques, on veut bien, dans des recherches archéologiques d'un nouveau genre, interroger les ruines du sol qui les entoure, on ne tarde pas à découvrir que l'homme est l'auteur même de ces ruines et que par une exploitation immodérée il a engendré la stérilité et sa propre misère, là où régnaient autrefois la Fécondité et la Richesse.

Ce livre contient encore un petit historique de nos forêts de France et on a pris soin d'y consacrer le souvenir des grands hommes qui ont su dans le passé, par leurs écrits ou par leurs actes, préparer leur défense.

Mais, en dépit de leurs efforts, les destructions forestières n'ont cessé de se développer dans notre pays. Elles furent suivies de la ruine des montagnes, sous l'influence d'une exploitation pastorale qui s'est trop longtemps immobilisée dans les pratiques les plus primitives. Il en est résulté deux fléaux également redoutables : le fléau des Torrents dans nos hautes vallées — le fléau de l'inondation dans nos plaines. Il fallait indiquer les mesures prises au siècle dernier pour conjurer dans l'avenir leurs effets désastreux.

Il fallait enfin montrer ce qu'il reste à faire — tracer le programme général de l'œuvre de restauration de nos forêts et de nos montagnes françaises. Celle-ci, si étendue et si complexe, ne saurait être menée à bien qu'avec le Temps — et aussi, avec le concours de tous. L'École, l'Instituteur, l'Enfant, doivent y coopérer. C'est par l'éducation des nouvelles générations, c'est en faisant ressortir le rôle social de l'arbre — ce rôle qui s'agrandit sans cesse avec la complexité croissante de nos civilisations modernes — que l'on pourra seulement rétablir l'harmonie désirable, et comme une sorte de Fraternité entre les forêts et nos populations humaines.

Voilà bien des choses pour un si petit nombre de pages. Pour en rendre la lecture plus facile et plus attrayante, on y a intercalé quelques récits ou descriptions et aussi des gravures susceptibles d'éveiller ou de retenir l'attention des enfants, de frapper leur esprit.

L'ouvrage vaudra surtout par l'usage qu'en sauront faire les instituteurs. Il renferme une série de thèmes qu'il leur sera très facile de commenter et de développer. — Des questionnaires ont été établis pour leur faciliter cette tâche. — Le maître répandra la semence féconde. L'enfant en développera le germe et l'avenir se chargera de récolter.

E. CARDOT.

L'ARBRE, LA FORÊT

ET

LES PÂTURAGES DE MONTAGNE

LIVRE Ier

L'ARBRE

L'ARBRE AU VILLAGE.

Rien n'est beau comme un village à demi caché sous le feuillage des arbres, ainsi qu'un nid d'oiseau. Les maisons apparaissent plus blanches, plus coquettes, plus avenantes au milieu de cette verdure ombreuse qui leur donne la fraîcheur et l'abri.

Il faut donc respecter et conserver pieusement les vieux arbres qui ornent les avenues et parfois la place du village, entourent son église, son cimetière. Ils donnent au village sa physionomie particulière, le font reconnaître de loin, le fixent dans les souvenirs de ceux qui l'ont quitté et, dans l'exil lointain, rêvent du pays absent.

Il faut les respecter, car ils sont comme les gardiens du foyer commun dont ils connaissent tous les secrets, ayant vu passer dix générations sous leur ombre, ayant vu leurs fêtes joyeuses, et leurs convois funèbres, — ayant vu des familles s'élever par une longue suite d'efforts jusqu'à la richesse et d'autres s'incliner peu à peu vers la misère. — Enfin ils rappellent parfois les grands souvenirs de notre histoire : ici, c'est un arbre sous lequel — au temps de Saint Louis - - on rendait la justice. Là, c'est un contemporain du grand Sully planté pour obéir à ses sages prescriptions. Celui-ci rappelle la naissance du roi de Rome. Celui-là est un arbre de Liberté élevé sur la place publique pour commémorer les anniversaires républicains.

L'ARBRE DANS L'ENCLOS FAMILIAL.

Il faut soigner aussi les arbres de l'enclos familial : ils assainissent l'air à l'entour de l'habitation ; ils l'égayent du chant des oiseaux et parfois l'emplissent du parfum de leurs fleurs.

Les arbres fruitiers du jardin et du verger méritent surtout des soins attentifs : s'ils sont bien greffés, taillés, entretenus par des engrais, si l'on prend soin d'assurer l'équilibre de leurs formes et de les défendre contre les insectes ou les parasites végétaux, ils sont l'ornement et la principale richesse de l'enclos. Ils contribuent aussi à la parure du village, et rien ne laisse au voyageur une impression plus agréable, d'aisance, de bien-être, de vie heureuse, que la vue de jardins ou vergers bien ordonnés et tout remplis de fruits, de légumes et de fleurs.

L'ARBRE AU VILLAGE.

Il faut respecter les vieux arbres qui ornent et embellissent les abords d'un village. Ils contribuent à donner à celui-ci sa physionomie particulière, le font reconnaître de loin, et le fixent dans le souvenir de ceux qui l'ont quitté.

Les arbres de l'enclos familial ont aussi parfois leur histoire et leurs souvenirs. Tel d'entre eux a été planté à la naissance d'un enfant, et il en porte le nom ; tel autre rappelle un accident ou un événement douloureux. Ces arbres sont comme des amis fidèles, depuis longtemps asso-

ciés à de tristes ou joyeux souvenirs. Tous cependant ne méritent pas ce respect sentimental qui les protège contre la hache. Plus d'un ne remplit plus la fonction pour laquelle il a été planté. Celui-ci, vieilli, déformé par les accidents ou les mutilations, dévoré chaque été par les insectes ou les champignons, n'est plus qu'une ruine végétale sans feuillage et sans beauté ; — loin de concourir à orner l'habitation, il la dépare par son aspect misérable. Celui-là étend depuis trop longtemps ses longs rameaux sans fruits par-dessus les herbages ou les cultures du potager. — Ces arbres doivent être sacrifiés ou remplacés. Rien, dans les productions végétales mises à la disposition de l'homme, ne saurait échapper à la grande loi du renouvellement et de l'entretien.

Enfin cet enclos familial avec ses arbres, ses fruits, ses fleurs, ses oiseaux, ses insectes, est pour l'enfant une merveilleuse école. Il n'a qu'à regarder tout autour de lui pour y surprendre quelques-uns des secrets de la nature.

RÉCIT.

La monnaie d'argent et l'éclipse.

Le petit Paul se promenait avec son père sous l'ombrage des grands arbres qui entourent leur maison. Perçant la voûte obscure du feuillage, des rayons de soleil arrivaient jusqu'au sol et y formaient des taches rondes, brillantes, qui se déplaçaient à chaque souffle de la brise dans les branches. « Père, disait-il, c'est comme de la monnaie d'argent ! — Eh bien, mon fils, tâche de la recueillir. » Et le petit Paul s'avançait, son tablier largement ouvert. Les taches remplissaient bien le tablier; mais dès que l'enfant voulait s'en aller pour rapporter sa précieuse récolte, la monnaie brillante retombait sur le sol et le tablier redevenait vide. Et l'enfant s'obstinait, tour à tour se fâchant ou pleurant de ne pouvoir réaliser son désir. — Quelques années plus tard, le père et l'enfant se trouvaient de nouveau sous le couvert des arbres, c'était le 30 août 1905, à 1 heure de l'après-midi, le jour de l'éclipse. Ils venaient d'observer celle-ci en regardant le soleil avec un verre enfumé Paul s'écria tout à coup : « Père, regarde donc la singulière forme qu'ont aujourd'hui les taches de soleil. » · · · «Oui, mon fils, elles ne sont plus rondes aujourd'hui, elles ont la forme d'un *croissant*, la forme même du soleil, telle que tu viens de la voir sur le verre enfumé — la forme du soleil en partie masqué par le cône d'ombre de la lune et telle qu'elle apparaîtrait dans la chambre noire d'un appareil photographique.

Cela te montre qu'il suffit souvent d'observer, de comparer, de regarder dans les plus petites choses, dans le feuillage d'un arbre ! pour avoir la perception des grands phénomènes de la nature.»

L'ARBRE DANS LA CAMPAGNE.

LE LONG DES COURS D'EAU.

Comme elles seraient tristes, monotones, nos grandes plaines de culture et nos grandes vallées, s'il n'y avait le long des ruisseaux, des rivières ou canaux, le long des routes et chemins, et parfois à l'entour des champs, ces rangées d'arbres ou d'arbrisseaux qui de près égaient la vue par leurs feuillages variés et jusqu'à l'horizon le plus lointain se profilent dans le ciel avec de si douces teintes !

En dehors de l'agrément et de la diversité qu'ils donnent aux paysages des pays plats, ces arbres remplissent des fonctions multiples :

Tandis que les saules au feuillage argenté, s'inclinant sous la brise, suivent les méandres capricieux du moindre ruisseau, que les aulnes à la verdure luisante se pressent au bord des rivières, les hauts peupliers dressent le long des *grands fleuves* leurs avenues imposantes. Tous fixent, consolident avec leurs racines les berges de terre meuble ou de sable, que le courant des eaux tend à ronger et à détruire. Tous ombragent les masses liquides, modèrent les vents qui les agitent et par cette double action diminuent l'évaporation qui se produit à leur surface. Ainsi ils contribuent dans la saison sèche à maintenir dans les ruisseaux et rivières le flot bienfaisant qui doit alimenter les villes, irriguer les prairies, les cultures, faire marcher les usines ou porter les bateaux.

Les poissons eux-mêmes tirent profit de ces bordures végétales installées sur les frontières de leur domaine liquide : les eaux maintenues plus fraîches, plus claires, plus abondantes sont moins sujettes aux

UNE BELLE RIVIÈRE.

L'arbre fixe et embellit les rives d'un cours d'eau. Il maintient les eaux limpides et poissonneuses. Il assainit les champs dans leur voisinage.

contaminations produites par les chaleurs caniculaires. Elles sont aussi plus riches en aliments et chaque branche qui s'incline à leur surface leur apporte son tribut d'insectes, d'animalcules ou de graines végétales pouvant servir à la nourriture de la gent aquatique. Et puis, qu'elles sont belles, douces au regard, agréables à suivre pour le promeneur, pour la barque de plaisance, ou pour le baigneur, ces rivières ombragées où viennent se fondre en un délicieux mirage la verdure des arbres et l'azur du ciel !

Les bordures d'arbres sont bienfaisantes aussi à la terre riveraine : par le drainage naturel que forme dans le sol le réseau de leurs racines, par l'aspiration régulière de leur feuillage, elles font disparaître l'excès d'humidité qui rend marécageuses et infertiles dans un rayon souvent assez étendu les rives des cours d'eau. Aussi n'est-il pas rare de voir dans les plaines humides ces bordures s'élargir ou se compléter par d'autres alignements ou par de petits massifs destinés à assurer mieux encore cette fonction d'assainissement.

Le peuplier, le tremble, l'aulne, le frêne, le saule sont dans nos climats les essences préférées pour cette utilisation. Elles aiment l'eau et, grâce à leur croissance rapide, en absorbent de grandes quantités pour véhiculer les matières assimilables nécessaires à la constitution de leurs tissus.

La place qu'elles occupent sur le sol n'est pas perdue d'ailleurs et le produit ligneux qu'elles donnent dépasse souvent en valeur celui des herbages ou des cultures (1).

LE LONG DES ROUTES.

Le long des routes, les arbres protègent le voyageur contre les ardeurs du soleil et lui donnent un abri temporaire contre la pluie. Ils fixent, consolident les talus de la chaussée et la protègent contre le dessèchement ; son utilité, sous ce dernier rapport, s'est encore accrue depuis que l'automobile y soulève la poussière en longs tourbillons (2).

Ils sont enfin la beauté de nos routes, transformées grâce à eux en avenues d'un majestueux aspect.

Dans les régions où la neige tombe en grande abondance, les bordures d'arbres ont encore l'avantage de marquer l'emplacement de la route qui bien souvent disparaît sous l'épaisse couverture blanche. Elles ont sauvé bien des voyageurs surpris par ces affreuses tourmentes d'hiver où la neige vole en tourbillons et dérobe à la vue les repères lointains qui pourraient les guider !

Dans certains pays, en Belgique, en Luxembourg, en Lorraine, on utilise pour les bordures de routes les arbres fruitiers : le pommier, le poirier, le cerisier, etc. Dans les montagnes granitiques, le châtaignier étale fréquemment son magnifique ombrage par-dessus les routes des vallées et contribue beaucoup à donner à celles-ci ces aspects verdoyants et cette délicieuse fraîcheur qui les rendent si agréables à parcourir.

Dans les montagnes calcaires, c'est le noyer à la ramure vigoureuse et à l'ombre plus

(1) Le frêne est une essence très recherchée dans la carrosserie et l'ébénisterie. Les saules ou osiers sont utilisés pour la vannerie (fabrication des paniers, meubles de jardin, etc.). Le peuplier, le tremble et l'aulne, au bois tendre et facile à débiter en minces lambris, sont les essences par excellence pour la fabrication des caisses d'emballage, le revêtement intérieur des meubles, etc. On emploie aussi volontiers le peuplier et le tremble pour la pâte à papier et l'aulne pour la fabrication des sabots. On a dit que le peuplier donne chaque année s'accroître d'une valeur de 1 franc. En fait, un peuplier de 30, 40 ans se vend fréquemment 30, 40 francs et dans les conditions les plus favorables, la production peut même atteindre 1 fr. 50 et 2 francs par arbre et par an. Sous les climats chauds, sur le littoral méditerranéen, en Italie, en Afrique, une autre essence, par sa croissance plus rapide encore est

utilisée pour le dessèchement des marais et l'assainissement des contrées ravagées par la fièvre paludéenne, c'est l'eucalyptus. — Le peuplier et le saule s'élèvent facilement, par simple bouture, — l'aulne et le tremble par marcottes, — le frêne par semis.

(2) Parmi les essences le plus volontiers choisies pour les bordures de routes, on peut citer l'orme, le tilleul, le frêne, l'érable, le peuplier, l'acacia, le marronnier, le platane (particulièrement dans la région méridionale). Dans certaines régions, on utilise même le hêtre et le chêne en dépit de leur croissance un peu lente. Sur les plateaux et cols élevés, la froideur du climat et la violence des vents rendent plus difficile la formation de ces bordures d'arbres. Certaines essences peuvent seules résister à ces conditions spéciales : le frêne, l'érable-sycomore, l'alisier et le sorbier aux belles grappes de corail.

fraîche encore qui borde les chemins et embellit les paysages.

Ces arbres donnent des récoltes de fruits et ainsi contribuent à la richesse d'un pays. Malheureusement on les mutile souvent, ces arbres fruitiers qui bordent les routes. Pierres ou gaules brisent leurs branches. Ce qui semble appartenir à tous n'est bien souvent respecté par personne.

Mais ce qui est détruit par l'un fait la misère de tous. *Chaque branche d'arbre brisée est comme*

immédiat des arbres l'excès d'ombrage et le développement du réseau superficiel des racines causent un certain dommage. Mais en *agriculture, comme dans le commerce, il faut parfois savoir perdre pour gagner :* qu'importe qu'une petite partie souffre, si le champ presque entier bénéficie de conditions plus favorables ?

Or, ces arbres donnent un abri et un ombrage précieux. Ils protègent le champ contre les vents froids qui ralentissent la végétation — contre

LA ROUTE DU CAIRE AUX PYRAMIDES.

Ce n'est pas seulement dans nos pays occidentaux que l'on établit des bordures d'arbres le long des routes. Elles sont plus appréciées encore sous l'éclatant soleil et le ciel sans nuages des pays d'Orient.

une pierre enlevée à la maison commune qui abrite l'humanité.

A L'ENTOUR DES CHAMPS.

Pourquoi conserver à l'entour des champs ces larges haies plantées d'arbres ? Leur emplacement est perdu pour les récoltes. Sur une zone de quelques mètres, l'herbage paraît étiolé et la végétation de toutes les plantes agricoles est languissante. Sans doute, sous le couvert presque

les vents chauds qui dessèchent la terre. Matin et soir leurs ombres s'allongent sur presque toute son étendue et y entretiennent la fraîcheur. Par eux, les dépôts de rosée sont plus abondants et se maintiennent plus longtemps sur le sol.

En été, tous ces arbres se peuplent de petits oiseaux qui — si l'on a soin de les respecter, et de protéger leurs couvées — protégeront à leur tour les récoltes contre les dégâts des insectes.

Quand vient l'automne, leurs feuilles desséchées s'envolent tout au travers du champ, et c'est un engrais pour celui-ci.

Il est facile d'ailleurs de limiter le préjudice qui peut être porté par les bordures d'arbres dans leur voisinage immédiat. Un fossé peu profond suffit à arrêter l'envahissement des racines superficielles. Une légère culture donnée au sol avec application d'engrais minéraux, chaux, cendres, scories de déphosphoration ou phosphates, permettent de faire disparaître les mousses et autres mauvaises plantes qui tendent à se développer sur les places trop ombragées.

Enfin, il est d'usage d'émonder périodiquement, soit tous les 4 à 6 ans, ces arbres de bordures ; ainsi on empêche l'arbre d'étendre trop au loin sa ramure. Les branches récoltées et réunies en fagots sont utilisées pour le chauffage et parfois leurs feuilles desséchées servent à l'alimentation des bestiaux et notamment des moutons et des chèvres qui en sont très friands. — En temps de sécheresse, quand les prés sont desséchés et que les fourrages manquent, les feuillages verts et les ramilles des arbres sont une ressource infiniment précieuse. Dans la désastreuse année 1893 ils ont sauvé de la famine bien des têtes de bétail. Donc, il ne faut point médire de ces bordures d'arbres : *chêne*, *frêne*, *orme*, *érable*, *peuplier*, *hêtre*, qui entourent les champs et qui ont encore pour avantage, avec leur garniture d'*aubépine*, de *prunier épineux*, de *coudrier*, de *troène*, etc., d'embellir la campagne, de former d'excellentes clôtures et de donner à la propriété une sorte de cadre fixe qui la protège contre les empiétements ou les partages.

Elles sont particulièrement appréciées en Bretagne et sur la côte normande, où les vents violents qui soufflent de la mer rendraient presque impossible toute culture, où elles maintiennent verts et productifs presque toute l'année les gras herbages ou les vergers qui font la fortune du pays. — En Provence et dans une partie de la vallée du Rhône, des rangées de cyprès, d'ifs, etc., abritent presque toujours les maisons, les vergers, les cultures maraîchères, les prairies contre le froid *mistral*.

Dans les grandes plaines, humides en hiver et chaudes en été, c'est encore par des rangées de peupliers, d'aulnes, etc., que l'on peut défendre alternativement les prairies de l'excès d'humidité qui provoque l'envahissement des herbages par les *joncs*, les *carex*, les *prêles*, etc., et de la sécheresse qui dessèche les bonnes espèces végétales.

Sur les plateaux élevés, sur les cols de montagne parcourus incessamment par des vents violents, on est obligé parfois de moissonner les champs avant la maturité pour éviter que le vent en secouant les épis ne fasse tomber le grain et ainsi ne diminue d'un tiers ou d'un quart la récolte. Aussi dans ces régions où les terres incultes occupent de vastes espaces, les terrains agricoles qui avoisinent les villages apparaissent-ils, avec leurs ceintures d'arbres, comme de riants bocages où le regard se repose avec délices des aspects sauvages et désolés qui les environnent.

Bien souvent, dans les vallées de montagne, le châtaignier et le noyer composent la bordure des champs. Leur production de fruits compense très largement le déficit des récoltes que la rigueur du climat ou les difficultés de culture y rendent toujours incertaines et peu abondantes. Hélas ! trop souvent on leur fait la guerre, à ces arbres bienfaisants, qui pendant de nombreuses années ont fourni à la famille la provision de châtaignes, de noix, d'huile, et parfois payé l'impôt ou le fermage ! On leur fait la guerre parce que leur bois est précieux et se vend cher. On en fait de beaux meubles ou des crosses de fusils. On les utilise pour la fabrication des extraits tanniques et dans certains pays, comme la Corse ou le Dauphiné, ils tombent un à un sous la hache des marchands de bois et des usiniers. Ils disparaissent aussi par la maladie, sous l'action des insectes ou des champignons qui attaquent leurs feuillages ou leurs racines. Ces arbres ont parfois plus de valeur que la terre qui les a nourris. Quelques-uns se vendent 300 francs, 500 francs et plus. — Si le propriétaire les exploite, c'est donc une partie importante de son capital qu'il réalise. Il ne doit le faire qu'en cas de nécessité, avec ménagement et en prenant soin, en bon père de famille, de remplacer par de jeunes sujets soigneusement plantés et greffés les arbres abattus.

Dans les pays de steppes, là où les pluies sont rares et peu abondantes, où les vents froids et desséchants soufflent avec une violence accrue par l'immensité des espaces parcourus, aucune mise en valeur culturale ne serait possible, si l'on ne commençait, comme cela se pratique dans certaines parties de la Russie méridionale, par établir *de larges rideaux boisés*. Enfin, si l'on peut dire que, dans le désert, c'est la source qui crée l'oasis, on peut dire avec non moins de raison que c'est l'arbre qui permet de préserver ses cultures des rayons brûlants du soleil et de l'invasion des sables.

Ainsi l'arbre est presque partout l'auxiliaire et parfois même l'indispensable protecteur de nos cultures : *abri contre le vent, écran contre le soleil, régulateur de l'humidité dans le sol, fournisseur d'engrais, producteur de récoltes, il enrichit le cultivateur, ne lui demandant que quelques soins dans le premier âge, et, au moment où il tombe sous la hache, lui léguant encore en héritage un capital ligneux qui parfois est une petite fortune.*

LA HAIE BOISÉE
ET LA FRÉQUENTATION SCOLAIRE.

La haie boisée avec ses fleurs du printemps, ses ombrages de l'été, ses petits fruits de l'automne est pour l'enfant des campagnes le décor enchanteur, le cadre gracieux offert à ses jeux, à ses ébats, à ses promenades instructives. Elle favorise parfois l'école buissonnière, mais elle favorise plus encore la fréquentation scolaire. Le récit suivant en fait foi.

RÉCIT. — *Le chevreau à l'école.*

Pierre avait bien travaillé à l'école pendant tout l'hiver. Son maître était satisfait de ses progrès, et son père en était fier. Mais voici que le printemps arrive. L'herbe commence à pousser dans les champs et dans la grange la provision de fourrage est bien près d'être épuisée. Il faut songer à mettre le bétail au pâturage. Et c'est Pierre qui sera le berger.

Avec regrets il quitte l'école, mais il se promet cependant d'apporter au champ ses livres d'étude. Cette promesse fut tenue.

Or il n'y avait pas de clôture boisée à l'entour du champ. Pas le moindre ombrage ! Un jour, Pierre étendu sur l'herbe, en plein soleil, étudiait sa grammaire. Il faisait chaud, ses yeux clignaient sous la lumière trop vive, bientôt ils se fermèrent tout à fait. L'enfant s'endormit. Les vaches aussi souffraient de la chaleur. Les mouches les harcelaient. Elles quittèrent le champ ; leurs veaux les suivirent en gambadant, et aussi la chèvre et son chevreau. Pierre dormait toujours.

Pour rentrer droit au village le petit troupeau traversa un grand champ de blé, couchant, brisant les chaumes en fleur. Le propriétaire les vit et les chassa furieusement jusque sur le chemin. Près du village, les vaches avisèrent un carré de choux. Leurs feuilles étaient fraîches. Elles y donnèrent de larges coups de langue jusqu'à ce qu'une femme bêchant non loin de là les effrayât par ses cris. Les voici à la porte de leur étable. Celle-ci est fermée. Elles divaguent tout inquiètes dans le village, entrent dans le préau de l'école, toujours suivies de leurs veaux, de la chèvre et de son chevreau. La chèvre avisant les feuilles vertes de la treille qui encadre les fenêtres de la classe, se dresse sur ses pattes de derrière et les broute gloutonnement. Son chevreau, d'un bond, saute sur le seuil de la fenêtre : grand émoi dans la classe. Tous les écoliers se lèvent, s'exclament : «Tiens, le chevreau de Pierre qui veut venir à l'école! » L'instituteur court à la fenêtre, chasse le chevreau, aperçoit la chèvre qui ronge la treille, les vaches qui piétinent les parterres de fleurs, se précipite dans la cour, chasse tous les animaux, revient en maugréant à son pupitre où immédiatement il se met à écrire au père de Pierre une lettre ainsi conçue : « Monsieur, je prends la très grande liberté de vous faire observer qu'il serait bien préférable que votre fils Pierre continue à fréquenter l'école plutôt que d'y laisser venir les animaux de votre étable. Il s'en trouverait beaucoup mieux et la treille aussi. »

Déjà le père de Pierre avait dû entendre les réclamations violentes du propriétaire du blé et de la femme au carré de choux. Mais la lettre de l'instituteur le mortifia bien davantage. Quand son fils revint du champ, seul et tout penaud, il le gronda fort sur sa négligence. Dans la nuit il prit une grande résolution ; dès le lendemain matin il commencerait à établir une clôture provisoire à l'entour de son champ. En automne il planterait une haie vive avec des arbres de distance en distance pour donner de la fraîcheur au pâturage. Ainsi le bétail pourrait pâturer sans gardien et son fils irait toute l'année à l'école.

QUESTIONNAIRE DU LIVRE Ier.

1º *Quelle est l'utilité des arbres à l'entour des habitations ? Pourquoi les arbres assainissent-ils l'air que nous respirons ?*

2º *Quels soins convient-il de donner aux arbres fruitiers ? (plantation — greffage — taille — fumure — moyens de défense contre les parasites végétaux ou animaux).*

3º *Quelles observations peut-on faire dans l'enclos familial ? Ex. : Sur le rôle de l'abeille en ce qui concerne la fécondation des arbres fruitiers. — Sur l'utilité de l'oiseau pour la destruction des larves et chenilles ; etc.*

4º *Quelle est l'utilité des arbres le long des cours d'eau ? Essences à y planter de préférence. — Quel peut être le rendement d'un peuplier ?*

5º *Quelle est l'utilité des arbres le long des routes ? — Essences à employer pour ces bordures. — De l'emploi des arbres fruitiers.*

6º *Quelle est l'utilité des arbres à l'entour des cultures ou pâturages ? — notamment dans les régions exposées au vent — dans les régions d'herbages et de vergers — sur les plateaux élevés — dans les plaines humides — dans les vallées de montagne (châtaignier, noyer) — dans les régions de steppes ou de déserts ?*

UN PIN SYLVESTRE DANS LES HAUTES-ALPES.

L'arbre isolé, battu par les vents étend au loin sa ramure, sous laquelle les troupeaux aiment à venir s'abriter. — S'il n'est pas susceptible de donner à l'homme des produits aussi utiles que l'arbre des futaies, du moins il orne, embellit les paysages, et à ce titre, il mérite d'être respecté.

LIVRE II

LA FORÊT

L'ARBRE EN FORÊT.

L'arbre, ainsi que l'homme, aime à vivre en société. Isolé, il garde une forme fruste, grossière, adaptée aux luttes qu'il est obligé de soutenir contre les intempéries, les tempêtes : son fût est court, trapu, noueux, sa cime étalée ; ses racines s'étendent au loin sur le sol, comme pour s'y cramponner.

En forêt, l'arbre, comme l'habitant de nos cités, semble s'affiner au contact de ses semblables, il prend une forme svelte, élancée, un port à la fois élégant et majestueux. Son fût s'élève droit, bien cylindré, dépouillé de branches jusqu'à une grande hauteur. Celles-ci se groupent en une houppe compacte et régulière dont le feuillage touffu retient presque tous les rayons du soleil.

Tout d'ailleurs semble disposé dans cette société végétale pour assurer à l'arbre une existence paisible et prospère. Il n'offre que peu de prise aux vents. Sous la voûte continue de feuillage, le sol, labouré par des racines très multipliées, maintenu constamment meuble, frais et fertile par l'ombrage, par la couverture des feuilles mortes et des dépôts d'humus incessamment renouvelés, présente les conditions les plus favorables à sa végétation active. Il semble qu'il n'ait plus à lutter que contre ses pareils.

Il y a bien lutte en effet entre tous les sujets qui en si grand nombre composent les jeunes peuplements de la forêt. Tous veulent leur place au soleil, et dans cette lutte, il en est plus d'un qui succombe avant l'heure, anémié, étouffé par des voisins mieux armés ou plus vigoureux !

De cette croissance active et régulière et de la sélection naturelle produite par cette lutte pour la vie, il résulte que l'arbre des forêts fabrique en plus grande quantité une matière ligneuse très supérieure sous le rapport de la qualité à l'arbre ayant crû à l'état isolé. Ce dernier, noueux, branchu, n'est le plus souvent apte qu'à donner du bois de chauffage. L'arbre des forêts au contraire produit un bois de structure plus homogène et plus fine, susceptible d'être utilisé pour tous les emplois de l'industrie.

L'INVASION FORESTIÈRE DANS LE MONDE.

Comme l'homme encore, l'arbre est un conquérant, il a une force d'expansion extraordinaire. Bien avant notre race humaine, il a conquis le monde. Il crée peu à peu autour de lui — par son ombrage, par ses défoliations qui, en automne, jonchent la terre et se décomposent ensuite pour former de la terre végétale, des conditions favorables au développement de ses congénères. Il y jette ses germes par milliers et quelquefois par millions de graines et voilà la famille, la tribu, le bouquet de bois constitué.

Mais ce n'est pas tout, cette graine est fréquemment pourvue d'une *aile* qui lui permet de voler au loin emportée par le vent. Elle est recherchée par le rongeur qui souvent l'enfouit dans la terre, par l'oiseau qui l'emporte dans son bec et parfois l'abandonne à plusieurs lieues de distance. Que l'une de ces graines rencontre un peu de terre meuble, l'ombre et l'abri d'une pierre, qu'elle reçoive l'humidité d'une ondée et la voilà qui germe et va constituer peut-être la souche d'une nouvelle famille, d'un nouveau bouquet de bois. Et tous ces bouquets travaillant chacun à s'agrandir et à se multiplier, les espaces nus se réduisent de plus en plus et bientôt la forêt s'étend sur d'immenses lieues de pays.

Cette transformation du sol nu en forêt passe d'ailleurs par des phases diverses et variables suivant les espèces qui la produisent, suivant les sols et les climats. Il ne suffit pas en effet que la graine germe, il faut encore que les jeunes sujets soient placés dans des conditions convenables pour qu'ils puissent se développer.

Or, parmi nos grandes essences forestières, les unes ont le *tempérament robuste* et résistent assez bien, soit à l'insolation, soit à la gelée. Elles peuvent donc se développer en plein découvert, pour peu que le sol leur fournisse les éléments nutritifs qui leur sont nécessaires. Tels sont par exemple, le *chêne*, le *bouleau*, les *pins*, le *mélèze*, l'*épicéa*. Les autres au contraire ont le *tempérament délicat*. Tels le *sapin*, le *hêtre*. Ils sont très sensibles à la gelée et résistent difficilement aux coups de soleil ou à la privation d'humidité dans le sol. Ils ont besoin d'abri pendant leurs premières années et on les appelle pour cela essences d'*ombre*, tandis que les premiers s'appellent essences de *lumière*. La propagation des essences d'ombre est subordonnée à la présence sur le sol d'une végétation buissonnante susceptible de leur fournir l'abri nécessaire. Certains arbrisseaux tels que le *coudrier*, l'*aubépine*, le *genévrier*, etc., remplissent admirablement cette fonction, et forment en quelque sorte l'avant-garde qui préparera l'invasion des grandes essences.

Le sol ne présente pas toujours des conditions favorables à l'installation immédiate de la végétation ligneuse : s'il est formé d'une roche compacte, il faut tout d'abord qu'il se constitue à sa surface un peu de terre végétale susceptible d'approvisionner les radicules d'éléments nutritifs.

Il faut que la roche s'effrite sous l'action des agents atmosphériques ; il faut que toute une série de végétaux inférieurs, depuis le lichen et la mousse jusqu'aux plantes de nos prairies, aient travaillé par leurs formations et leurs décompositions successives à constituer une couche de *terreau* sur laquelle l'arbre puisse s'implanter ou s'alimenter.

Si le sol est mobile comme le sable du désert, le jeune plant forestier si frêle, si faiblement enraciné ne peut s'y installer avant qu'il ait été préalablement fixé par une végétation gazonnante. *Ici encore le brin d'herbe doit précéder l'arbre et préparer sa venue.*

Il arrive que le sol qui entoure une forêt s'est recouvert tout d'abord d'une végétation herbacée si drue et si puissante que la graine forestière ne peut arriver jusqu'à la couche de terre et y faire pénétrer sa radicule, ou que le jeune plant, dans son lent accroissement, ne puisse parvenir à se dégager des chaumes qui l'enserrent et finalement l'étouffent. Ainsi l'herbe peut devenir un obstacle à l'envahissement forestier.

Cet obstacle n'est pas toujours insurmontable. En développant son couvert, son ombrage, la forêt tue, détruit la plupart des plantes herbacées qui l'entourent, et ainsi, dénudant le sol,

elle peut y rétablir des conditions favorables au développement de ses jeunes plants et avancer pas à pas, progressivement, sa lisière.

Un obstacle beaucoup plus insurmontable à l'expansion forestière est celui qui résulte du climat. Si les organes d'un arbre ne peuvent résister à la gelée ou à un certain degré de froid ou de chaud, si la période de végétation est trop courte pour qu'il puisse mûrir ses graines, si enfin les chutes pluviales ne sont pas assez abon-

LA FORÊT DE LYONS (Seine-Inférieure).

L'arbre des futaies, ayant crû à l'état serré, prend une forme élancée. Son fût se dépouille de ses branches basses. Son bois, presque sans nœuds, a un grain fin qui le rend apte à tous les emplois du travail et de l'industrie.

dantes pour dissoudre et véhiculer dans ses tissus les matières alimentaires, l'expansion forestière est définitivement arrêtée ou suspendue tant que les conditions se maintiendront les mêmes. C'est ainsi que par delà l'immense forêt, —formée des espèces les plus résistantes au froid, telles que l'*épicéa*, le *mélèze*, le *bouleau* — qui recouvre toute la partie septentrionale de la Sibérie, de la Russie, de la Suède et de la Norvège, de l'Amérique du Nord, existe la zone des *toundras* (1), où l'on ne trouve plus ni arbres ni gazons, mais seulement des lichens et des mousses. C'est ainsi encore que dans les régions montagneuses l'arbre disparaît au-delà d'une certaine altitude (2.500 mètres environ dans nos montagnes françaises).

Dans cette conquête des régions froides, chaque essence forestière s'arrête d'ailleurs suivant sa résistance plus ou moins grande au climat. La forêt conquérante est alors comme une armée enveloppée d'ennemis qui la harcèlent. Chaque étape, chaque pas en avant est marqué par des traînards qui ne peuvent suivre le mouvement d'invasion et succombent en chemin. — C'est ainsi que si l'on part de la côte méditerranéenne pour remonter les pentes de nos Alpes françaises, on voit le *pin maritime*, le *chêne vert* et le *pin d'Alep* s'arrêter à une altitude d'environ 700 mètres, — le *chêne rouvre* à 1.200 mètres — le *hêtre* et le *pin sylvestre* à 1.500 mètres, — le *sapin* et l'*épicéa* vers 1.800 mètres. Seuls le *pin à crochets*, le *mélèze* et le *pin cembro* arrivent presque jusqu'à la zone des neiges éternelles, à 2.500 mètres.

Le même phénomène d'arrêt de l'invasion forestière se produit dans les zones désertiques où des chutes pluviales insuffisantes, des sécheresses prolongées rendent impossible la vie des grands arbres. Ici encore les essences se raréfient peu à peu en nombre, au fur et à mesure que s'aggravent, par l'élévation de la température ou la sécheresse, les conditions de l'existence, jusqu'à ce qu'enfin succombe le dernier arbre.

Si la sécheresse provoque l'arrêt de la végétation forestière, elle ne suspend pas toujours l'expansion végétale. C'est ainsi que, dans les parties centrales des continents, à côté des déserts caractérisés par une dénudation presque complète, on trouve d'immenses régions herbacées. C'est la zone des *steppes*, des *pampas*. Une courte période de pluie suffit à mûrir les graines

des plantes herbacées, et à assurer la reconstitution du tapis végétal temporairement détruit par la sécheresse.

La formation de ces steppes privés de toute végétation forestière n'est pas toujours le résultat des sécheresses trop prolongées ; elle peut provenir également d'un excès d'humidité dans le sol qui fait pourrir les racines des arbres ou ne leur laisse pas une aération suffisante. Ainsi se constituent sous les climats les plus divers les steppes marécageux.

Si l'on consulte la carte du globe, on constate que ces zones glacées, ces contrées sèches, ou marécageuses qui semblent à peu près inconciliables avec l'existence des forêts, n'existent en définitive que sur une étendue totale relativement restreinte. On conçoit dès lors que nos grands végétaux forestiers, supérieurs par l'organisation et la longévité à la plupart des espèces herbacées, aient pu, dans la lente colonisation du globe, prendre dès l'abord une place prépondérante.

LA LUTTE DE L'HOMME CONTRE LA FORÊT.

Mais la forêt eut bientôt à lutter contre un ennemi terrible : l'homme.

La forêt fut dans le principe un très grand obstacle au développement de la race humaine ; sans doute, elle lui fournissait des fruits, des racines, du gibier pour son alimentation — un abri contre les intempéries ; mais le soleil faisait défaut sous ces voûtes obscures de feuillage, le soleil source de vie et de fécondité ! L'existence était dure, difficile, incertaine dans une lutte incessante, semée d'embûches, contre les bêtes féroces et les tribus voisines. La recherche des aliments était de plus en plus difficile, précaire, au fur et à mesure que se multipliaient les familles et que diminuait le gibier. — Alors commença le lent défrichement des massifs séculaires. Alors naquirent la culture et la domestication des animaux. A l'existence nomade du chasseur, succéda la vie sédentaire de l'agriculteur ou la vie nomade de pasteur ; — à l'abri naturel, la hutte ou la tente ; — à la poursuite du gibier et à la cueillette, le travail de la terre et

(1) C'est le nom donné à ces plaines presque constamment couvertes de neige ou de glaces qui bordent l'océan Glacial Arctique et ne sont guère parcourues pendant la courte saison d'été que par les troupeaux de rennes.

GROS HÊTRE ET FORÊT EN RUINE.

Dans les futaies trop largement ouvertes par les exploitations de l'homme et pâturées par les troupeaux, les arbres isolés l'un de l'autre et le plus souvent décimés dans leur jeunesse par le bétail s'accroissent très rapidement; mais ils ont des fûts très courts, ramifiés dès la base et prennent cette forme monstrueuse qui les rend impropres aux arts industriels. — Le sol se couvre d'une épaisse végétation herbacée et devient rebelle à l'ensemencement naturel. — C'est pour la forêt le commencement de la ruine.

l'élevage du troupeau; — à la lutte pour la conquête du terrain de chasse, la lutte pour la possession des pâturages, ou l'échange pacifique des produits.

Pour construire ses habitations, installer ses cultures, agrandir ses pâturages, assurer ses communications, chaque tribu défricha. Par le fer et par le feu les clairières s'ouvrirent partout

Ce domaine est aujourd'hui bien réduit. Dans des contrées immenses de l'Asie, là où pendant des milliers de siècles les anciennes sociétés humaines s'étaient développées, épanouies en des civilisations prospères, les forêts ont presque entièrement disparu.

En Europe, aux États-Unis, dans l'Amérique du Sud où de nouveaux groupements sociaux

UN DÉFRICHEMENT DE FORÊT DANS LA RÉPUBLIQUE ARGENTINE (Amérique).

D'immenses forêts sont abattues en Amérique pour approvisionner nos contrées européennes des bois qui maintenant leur font défaut. À travers les espaces déboisés et qui ne sont plus qu'une lande buissonneuse, des voies ferrées sont établies pour conduire les bois exploités jusqu'aux ports d'embarquement.

à travers les grands massifs forestiers. Elles s'élargirent de jour en jour, d'année en année, de siècle en siècle, pour faire place aux plaines découvertes, aux villages, aux cités. De la plaine, le défrichement remonta les vallées, s'attaqua aux plateaux, aux versants montagneux et jusqu'à la limite des neiges, des terres éternellement glacées, l'homme poursuivit sa guerre contre l'arbre, sa conquête sur le domaine sylvestre.

se sont installés et constituent actuellement les grandes nations civilisées, la destruction des forêts continue.

Il convient de voir si cette guerre de l'homme à l'arbre ne doit pas prendre fin et s'il n'y a pas intérêt à rétablir une harmonie durable entre nos grandes sociétés humaines et ces sociétés végétales qu'on nomme les forêts !

DE L'UTILITÉ ET DE LA CONSERVATION DES FORÊTS.

LE BOIS DANS L'HABITATION.

De toutes les productions que la nature offre à l'homme pour la satisfaction de ses besoins, il n'en est guère qui soit d'une utilité plus constante et plus générale que le bois. — Voyez la toiture. — On le trouve partout dans la maison, de la cave au grenier.

Dans les pays très riches en bois comme la Norvège, la Suède, la Russie, la Sibérie, il tient plus de place encore et bien souvent il constitue à lui seul l'habitation tout entière. Il en est

LE PORT DE SANTA-FÉ (Colastiné) République Argentine.

Sur le quai d'embarquement s'accumulent des montagnes de bois provenant de ces défrichements. Ces bois sont chargés sur des navires qui les transportent en Europe où ils doivent subvenir aux besoins de notre industrie et combler le déficit de nos forêts détruites.

quelle place il tient dans nos usages domestiques et dans nos habitations. On le trouve dans l'âtre de nos cheminées, où sa joyeuse flambée réchauffe et renouvelle l'air de nos appartements. — Il est utilisé, soit sous sa forme naturelle, soit à l'état de charbon, pour la cuisson de nos aliments. — Il forme les parquets des chambres, les vantaux des portes, les cadres des fenêtres, les lambris des cloisons ou des plafonds, les plinthes et les frises, la carcasse des meubles, la charpente de

de même dans certaines régions montagneuses élevées où l'abondance du bois et la difficulté de transporter d'autres matériaux a conduit également à remplacer tout ou partie des murs par des parements de bois et les tuiles ou ardoises des toitures par de petites planchettes se recouvrant l'une l'autre.

Le chalet suisse est le type le plus connu de ces constructions rustiques qui ornent de façon si pittoresque les pelouses des montagnes. On le retrouve sur les hauts plateaux du Jura, sous une forme beaucoup plus massive et plus développée. On le retrouve enfin sur les hauts versants de nos Alpes françaises et de nos Pyrénées.

C'est une grande privation et de grandes souffrances pour les populations quand le bois nécessaire pour la cuisson de leurs aliments ou pour la réparation des habitations vient à faire défaut. Dans les steppes et plateaux de l'Asie la pénurie de bois ou de broussailles oblige les tribus de pasteurs à faire leur feu

LE PLUS HAUT VILLAGE D'EUROPE: SAINT-VÉRAN (Hautes-Alpes).
Altitude : 2 100 mètres.

Dans les hautes régions montagneuses, les maisons sont presque complétement construites en bois. — Si les forêts viennent à disparaître, les constructions ne peuvent plus être entretenues et les habitants sont forcés d'émigrer.

avec la bouse de leur bétail séchée au soleil. Dans les déserts de l'Afrique, l'Arabe utilise de même la fiente de ses chameaux. Il n'y a pas bien longtemps une pratique semblable était en usage dans quelques vallées des Hautes-Alpes dont les bois avaient été — par l'imprévoyance des habitants — complètement détruits. Enfin, on peut voir encore aujourd'hui dans certains villages de notre Bretagne, à la pointe *extrême* du Finistère, où les vents violents qui soufflent de la mer rendent difficile la croissance des arbres, les murs des maisons et des jardins

tapissés de bouses de vaches pétries en forme de galette et destinées à servir de combustible.

Dans les pays où le bois est devenu rare par suite de destructions importantes, les habitants s'imposent de longues et pénibles corvées pour se procurer la quantité de bois nécessaire à la cuisson du pain. On a cité souvent l'exemple de la vallée du Dévoluy (Hautes-Alpes) où les habitants dépensaient treize heures de fatigue pour rapporter une charge de bois à travers d'affreux précipices. Dans quelques-unes des hautes vallées très pauvres en bois de ce même département, on poussait l'épargne du précieux combustible jusqu'à ne faire qu'une seule cuisson de pain au commencement de l'hiver. Actuellement encore, les habitants, pendant la saison froide, séjournent presque constamment dans les étables, couchant à côté de leurs bestiaux, dans des conditions d'hygiène déplorables et n'allument le feu que pour la préparation des repas.

En Chine, où sur d'immenses espaces les arbres font complètement défaut, les habitants ignorent totalement le chauffage des appartements. Des herbes, pailles ou racines desséchées suffisent à la cuisson de leurs aliments, et pour se défendre du froid, ils se bornent à ajouter un ou deux vêtements suivant la rigueur de la température. Ils tiennent cependant à ce que leur cercueil soit fait en bois et pour donner satisfaction à ce pieux désir, ils s'imposent parfois des dépenses considérables, faisant venir du Japon les quatre planches nécessaires.

LE BOIS DANS L'INDUSTRIE.

Dans nos pays civilisés, le bois ne sert pas seulement au chauffage et à l'habitation, il est utilisé encore pour de très nombreux emplois industriels. A ce titre, les forêts jouent un rôle considérable dans l'économie générale d'une région et contribuent pour une part très importante à sa prospérité. *Elles sont de grands et précieux distributeurs de salaires.* Pénétrez sur le parterre d'une coupe en exploitation et vous y trouverez : ici, la hutte du *bûcheron*, là, celle du *charbonnier* qui empile les petits rondins pour en former ces grosses *meules* coniques où se cuira le charbon ; — ici, l'atelier du *scieur de long*, là, celle du *sabotier* ou du fabricant de *merrains* (1).

Suivez la lisière d'un grand massif forestier et vous trouvez dans tous ses alentours des usines, travaillant ou transformant le bois, des villages dont la population est occupée une grande partie de l'année à exploiter, transporter ou façonner les produits de la forêt : ici, c'est la *scierie* débitant planches et charpentes, là une *fabrique de meubles*, ici la *tonnellerie*, là le *charronnage*, ici la *fabrique de galoches* ou de *formes de chaussures*, là les ateliers de *tourneur* où se font les jouets d'enfants et tant de menus objets en bois ; ici une fabrique de *caisses d'emballage*, là une *tannerie* utilisant les écorces de chêne ou une fabrique *d'extraits tanniques* obtenus par la cuisson du *châtaignier*.

Les usines étaient plus nombreuses encore autrefois à l'entour des forêts, alors que celles-ci fournissaient le combustible nécessaire au chauffage des fours utilisés dans diverses industries, ou à l'alimentation des machines à vapeur. *Verreries, Tuileries, Briqueteries, Boulangeries,*

(1) Petites planchettes de chêne servant à la fabrication des douves de tonneaux.

Pâtisseries consommaient des montagnes de menu bois. La *métallurgie* elle-même employait exclusivement autrefois le charbon de bois pour la fabrication de ses *fontes de fer*. Cette consommation des bois de feu s'est bien réduite depuis la découverte des mines de houille et d'anthracite.

Ce sont ces forêts souterraines enfouies dans le sol pendant les anciennes périodes géologiques qui, aujourd'hui, fournissent pour la plus grande

FABRICATION DE MARGOTINS DANS L'YONNE.
Dans les environs de Paris, le menu bois des taillis sert à fabriquer ces petits fagots appelés *margotins* que l'on utilise pour allumer les feux dans les appartements.

part ce précieux combustible minéral que l'on appelle parfois le *pain de l'industrie*.

Mais d'autres emplois du bois, inconnus jadis, se sont révélés : Les *Papeteries*, les *Cartonneries* tirent du bois, râpé mécaniquement ou pétri chimiquement, une grande partie de ces pâtes blanches ou grisâtres qui doivent former le papier d'emballage, le papier de journal, voire même le *papier d'écolier*, et aussi ces feuilles de carton qui servent à la fabrication des boîtes et qui, juxtaposées en grand nombre, collées, comprimées, peuvent donner une matière, l'*ébonite*, assez résistante pour servir à la fabrication des *roues de locomotive*. La distillation du bois tend aussi à prendre une grande extension pour la production de gaz de bois,

les grandes villes tendent à se substituer aux pavés de pierre, absorbent des quantités prodigieuses d'arbres forestiers et nécessitent par suite l'emploi d'un nombre considérable de journées ouvrières.

UNE EXPLOITATION DE BOIS A LA SCHLUCHT (Vosges).

Les grands sapins sont transportés jusqu'aux scieries pour être débités en charpentes ou en planches. Quant aux hêtres, ils sont façonnés sur place en quartiers ou rondins que l'on empile pour former des stères de bois de chauffage. Dans les forêts aménagées, l'habitant des campagnes est occupé chaque hiver à ces travaux qui lui procurent un revenu constant et régulier.

d'*acide pyroligneux*, de goudron, d'*alcool méthylique*, etc.

Enfin la fabrication des *étais de mines*, des *traverses de chemins de fer*, des *poteaux* pour les télégraphes, les téléphones, les transports de force motrice, et celle des *pavés de bois*, qui dans

CONSÉQUENCES ÉCONOMIQUES DE LA RUINE DES FORÊTS.

Aussi c'est la misère, c'est une véritable catastrophe pour un pays quand dans un grand massif forestier — à la suite d'exploitations trop importantes ou trop multipliées — les bois d'œuvre ou d'industrie viennent à manquer. Les usines se ferment, les villages se dépeuplent partiellement et tous les habitants qui vivaient par la forêt sont obligés d'abandonner leur foyer, leur pays pour s'en aller au loin chercher de nouveaux moyens d'existence.

La situation est plus critique encore dans les pays du Nord ou dans ces régions montagneuses élevées où le bois est indispensable à l'existence et à l'habitation. Là, la ruine des forêts entraîne la ruine des villages :

Les chalets de bois usés par le temps ne peuvent plus être réparés. Les habitants sont impuissants à se défendre contre les rigueurs du climat. Ils ne peuvent plus ni abriter leurs troupeaux qui sont leur seule ressource, ni cuire leur lait pour la fabrication des fromages. Tout leur manque à la fois : le couvert et le pain. Ils n'ont plus qu'à suivre cette forêt qui peu à peu a reculé ses limites, à la suivre dans sa retraite, *ainsi qu'un convoi de malheureux, dépouillés par la guerre, accompagne tristement une armée en déroute !*

LE PRINCIPE DE L'AMÉNAGEMENT.

Si donc les forêts, à l'origine des civilisations, ont été détruites principalement pour faire place aux cultures, aux habitations de l'homme, pour faciliter ses migrations à travers le globe, elles ont encore à supporter aujourd'hui les exploitations nécessaires à la satisfaction de ses besoins. Mais s'il ne veut pas être victime de leur disparition complète, s'il ne veut pas s'imposer à lui-même des privations pénibles qui aillent jusqu'à le menacer dans son existence, l'homme civilisé est tenu d'arrêter leur destruction ; il est tenu, sous peine d'exil ou de mort, de limiter, *de régler leur exploitation de telle sorte que ces forêts se reproduisent, se renouvellent d'elles-mêmes sans jamais s'appauvrir ou s'épuiser.*

C'est le principe de l'*Aménagement*, que notre bon fabuliste La Fontaine a formulé d'une autre façon en disant : « *Il ne faut pas tuer la poule aux œufs d'or* ».

Retenez bien, enfants, ce grand principe qui devrait être appliqué à *toutes les richesses naturelles susceptibles de reproduction existant sur la terre*. De son application dépend *la conservation même de l'espèce humaine*. Que deviendrions-nous, en effet, si les terres de culture, les prairies qui nourrissent nos troupeaux venaient à s'épuiser, si le poisson disparaissait de nos rivières et de nos rivages maritimes, et le gibier de nos campagnes, si toutes les ressources naturelles, qui concourent à l'entretien de notre vie se réduisaient peu à peu, cependant que notre population continue à s'accroître ? Voilà pourquoi depuis longtemps l'homme s'est ingénié à renouveler et à augmenter, par la jachère, par l'assolement, par des travaux de culture et de fumure à retour périodique, par l'irrigation, par l'aménagement agricole en un mot, les provisions que nous donne la terre.

Voilà pourquoi dans tous les pays civilisés on a établi des règlements plus ou moins sévères sur la pêche, sur la chasse, — créé des *réserves gardées* pour la protection des *frayères* et la multiplication du gibier.

Voilà pourquoi il est nécessaire d'appliquer aux forêts le principe de l'aménagement.

RÉCIT. — *Les chênes de Hautepierre.*

La commune de Vigneaux-les-Futaies se compose de deux villages : l'un, les Vigneaux, que l'on appelle aussi le bourg, est bâti au pied d'un versant bien ensoleillé et tout tapissé de vignes et d'arbres fruitiers ; — l'autre, le hameau des Futaies, est situé sur le plateau qui couronne le versant. Là s'étendait autrefois une grande et belle forêt de chênes et hêtres formant un demi-cercle à l'entour des cultures du village qu'elle protégeait contre les vents du nord. Elle appartenait au marquis de Hautepierre.

Les vignerons du bourg plaisantaient volontiers les habitants du *Haut*, ainsi qu'ils avaient coutume de les dénommer. Au printemps, quand la neige commençait à peine à disparaître du plateau, ils leur demandaient des nouvelles de leurs vignes. Hélas! en fait de vignes, ceux-ci n'avaient que les tapis d'airelle myrtille de la forêt, dont les fruits noirs étaient bons, tout au plus, à faire de la confiture. Mais, à l'automne, les habitants des Futaies descendaient avec leurs carrioles chargées de barriques et de corbeilles vides, et une bourse bien garnie. Alors les gens du bourg ne plaisantaient plus, ils étaient pleins de prévenance pour leurs compatriotes du Haut qui — bon argent comptant — venaient remplir leurs barriques de la vendange nouvelle et leurs corbeilles de pommes et de poires.

Car ils n'étaient pas à plaindre les habitants du plateau, en dépit de la rigueur de leur climat. S'ils n'avaient pas de vignes, ils avaient des terres étendues qui les occupaient tout l'été. En hiver ils devenaient bûcherons, ouvriers de bois. Chaque automne régulièrement, le marquis de Hautepierre venait dans la forêt marquer une coupe. Aidé de ses gardes, il désignait, faisait frapper de son marteau tous les arbres qui devaient être abattus. Il en marquait toujours à peu près la même quantité ; mais il y en avait pour tous : de beaux chênes pour les fabricants de merrains, des hêtres pour les sabotiers, de mauvais arbres et du menu bois pour les ouvriers qui façonnaient les cordes de chauffage et les fagots. Pendant environ trois mois tous les hommes valides du village étaient occupés dans la forêt, et au printemps, en été, ils employaient encore de temps en temps leurs journées perdues à charrier les produits jusque chez les tonneliers et marchands de bois du bourg. C'était une bonne source de revenus pour les habitants du plateau que cette forêt du marquis de Hautepierre ! source régulière qui ne tarissait jamais et qu'enviaient parfois les vignerons du bourg, quand leurs vignes gelées les laissaient sans récolte et sans argent. Pourtant, quand le marquis vint à mourir, il laissa peu de regrets. On le disait avare, sévère pour les délinquants surpris par ses gardes. On se plaignait surtout qu'il était trop *ménager* de sa forêt. Avec *ses coupes réglées*, il laissait, disait-on, bien des arbres pourrir sur pied. Si, chaque année, on mettait plus d'arbres en exploitation, la forêt n'en vaudrait que mieux et les habitants auraient plus de travail et plus de profits.

Son fils héritier sembla bientôt vouloir donner satisfaction à ces plaintes. Il trouva que la forêt ne rendait pas assez. Il aimait le luxe, les plaisirs. Et tout de suite, il agrandit, multiplia les coupes. — Grande joie, grand contentement dans tout le pays. Dans le hameau des Futaies, les bûcherons, fabricants de merrains et sabotiers travaillaient plus longtemps et gagnaient davantage. Dans le bourg, le bois de chauffage était pour rien ; les tonneliers achetaient leurs douves et les vignerons leurs barriques à meilleur marché ; les petits commerçants faisaient de belles affaires. — Auberges, cafés ne désemplissaient pas. Tout le monde était content. Le jeune marquis devenait très populaire et déjà on parlait de l'envoyer à la Chambre des Députés. — Tout le monde était content, excepté pourtant le vieux garde-chef Brizard qui secouait tristement la tête et répétait : *C'est malheureux, je vous le dis, de voir tomber à la fois tant de beaux chênes ! Croit-on qu'il y en aura toujours, et, quand le dernier arbre de la forêt aura été abattu, que deviendront les gens du pays ?* »

Il n'y en eut pas pour longtemps. Les coupes, trop importantes pour les besoins de la région, se vendaient mal, et le jeune marquis dépensait de plus en plus. Bientôt on apprit dans le bourg qu'il était ruiné et que, menacé de poursuites par des créanciers, il avait vendu sa forêt en bloc à un gros marchand de bois étranger. On ne parla plus de le nommer député, et bientôt ce fut une consternation générale quand l'acquéreur laissa entendre qu'il allait faire *coupe blanche*, car, disait-il. « *il n'avait pas payé la forêt en beaux écus sonnants pour la regarder pousser et y entendre chanter les oiseaux !* ». Quelques années lui suffirent en effet à exploiter tout ce qu'il restait de la forêt.

Le dernier chêne de la forêt de Hautepierre tomba. Aujourd'hui on n'y entend plus retentir les grands coups de hache. C'est une triste lande entrecoupée de buissons où viennent paître les moutons et les chèvres. — Le hameau des Futaies est presque désert. On n'y trouve que des vieillards et quelques enfants. Les jeunes gens sont partis et les bras manquent pour cultiver la terre.

Le bourg aussi a perdu sa prospérité d'autrefois. Les vignerons ne voient plus descendre à l'automne les gens de la montagne pour leur apporter des merrains, des sabots, du bois de chauffage et des barriques et des corbeilles de fruits à remplir — parfois aussi pour y chercher de jeunes épousées. Le commerce s'est réduit beaucoup et bien des boutiques se sont fermées. Les jeunes filles ne se marient plus. — Le vieux garde Brizard, n'ayant plus rien à faire là-haut est venu bien tristement y finir ses jours.

Quand autour de lui on parle de la misère du pays et de sa prospérité d'autrefois, il répond : « *Je l'avais bien dit. Il fallait s'en tenir à la coupe réglée du vieux marquis et ne pas couper tant de beaux chênes à la fois !* »

HISTORIQUE DES FORÊTS DE FRANCE.

Pendant longtemps, dans nos pays européens et notamment en France, on a négligé d'appliquer aux forêts ce principe de l'*Aménagement*. Les grands massifs forestiers, qui dans l'ancienne Gaule couvraient la majeure partie de son territoire, étaient livrés au pillage de tous ; non seulement leurs limites reculaient sans cesse, mais par l'abus des exploitations et le ravage des troupeaux et parfois du gibier, leur production ligneuse allait sans cesse en s'amoindrissant. Il faut un siècle et plus pour former un arbre. Que devient dès lors un massif de haute futaie si, après l'exploitation, on ne lui laisse pas le temps de se reconstituer, ou si les animaux, bétail et gibier, viennent sur le parterre de la coupe brouter tous les jeunes plants qui tente- salaires que donne la forêt est pour longtemps tarie. Heureusement des plaintes commencèrent

LE CHATEAU DE BUFFON, près MONTBARD (Côte-d'Or).

Ce ravissant paysage s'embellit encore du souvenir de notre grand écrivain-naturaliste qui l'un des premiers en France a su appliquer ses merveilleuses facultés d'observation à l'étude des arbres et des forêts.

raient de se développer? Le bois se transforme peu à peu en un fourré de broussailles ou en une lande stérile, et la source de tous ces profits et à s'élever en France contre ces destructions imprudentes. Écoutez ce qu'en a dit un homme dont vous avez appris à connaître le nom, un

des grands noms de notre pays, Bernard Palissy :
« *C'est*, dit-il, *non une faute, mais une malédiction et un malheur à toute la France, parce qu'après que tous les bois seront coupés, il faut que les arts cessent et que les artisans s'en aillent paître l'herbe, comme fit Nabuchodonosor.* »

Ces plaintes finirent par être entendues. Peu à peu, l'autorité royale, les Pouvoirs seigneuriaux et les Parlements de province rendirent des ordonnances ou édictèrent des règlements pour faire cesser les abus. On organisa les *maîtrises forestières*, dont les officiers avaient charge de régler et de surveiller les exploitations, de réprimer les délits. Un peu d'ordre naquit peu à peu de ces sages mesures, que deux grands ministres cherchèrent à rendre plus efficaces ou à compléter : Sully par ses sages prescriptions et Colbert par sa fameuse ordonnance de 1669 qui fut notre premier Code Forestier. C'est Colbert qui, dans sa préoccupation de développer notre marine et frappé de la difficulté de plus en plus grande qu'elle rencontrait pour se procurer les bois nécessaires à la construction de ses navires, prononça la parole célèbre : « *La France périra faute de bois.* »

De grands savants, *Duhamel de Monceau, Réaumur, Buffon*, des officiers des maîtrises forestières — des propriétaires de bois, *Varenne de Fenille*, se mirent à étudier les arbres et les forêts et à répandre les premières notions de l'arboriculture et de la sylviculture. Mais dans la plupart des régions de la France, par l'ignorance des uns, la cupidité des autres encouragée encore par le haut prix que la disette croissante donnait au bois, les dévastations continuaient, et au moment de la Révolution, les Cahiers présentés aux États Généraux étaient remplis de doléances sur les maux résultant de la ruine des Forêts. Le désordre qui accompagna notre grande tourmente révolutionnaire, en laissant les bois livrés sans défense à la convoitise des populations riveraines, vint encore aggraver la situation, et si quelques mesures réparatrices furent prises sous le Consulat et le 1er Empire, les grandes guerres qu'eut à soutenir la France à cette époque en neutralisèrent en partie les effets.

Il faut en venir jusqu'aux dernières années du Gouvernement de la Restauration pour que des dispositions législatives vraiment efficaces soient prises, en vue de modérer les défrichements des bois particuliers et d'appliquer aux forêts de l'État, des Communes et des Établissements publics une gestion régulière, basée sur les principes de l'aménagement et de la sylviculture.

En 1824 fut créée l'École forestière de Nancy. Les noms de deux grands forestiers : *Lorentz* et *Parade*, sont attachés à la fondation de cet enseignement. En 1827 fut promulgué le Code forestier qui prescrit l'aménagement de toutes les forêts publiques, organise leur gestion et leur surveillance et édicte des peines pour la répression des délits forestiers (1).

SIMPLES NOTIONS D'AMÉNAGEMENT ET DE SYLVICULTURE.

L'aménagement est un travail qui consiste à régler l'exploitation d'une forêt, de façon qu'elle fournisse un rapport annuel aussi soutenu et aussi avantageux que possible. (L. Tassy).

La *sylviculture* est l'art de créer ou de régénérer et d'entretenir en bon état de végétation les peuplements forestiers.

Pour *aménager* une forêt ou en régler les exploitations, de telle sorte qu'elle ne s'appauvrisse pas, on se base tantôt sur sa *contenance*, tantôt sur le *volume* de ses arbres. Si une forêt de *bois taillis* (2) est divisée en 30 parcelles de sur-

---

(1) Aujourd'hui les forêts soumises à des aménagements réguliers en application du code de 1827 comprennent, savoir :

Forêts de l'État.................	1.174.345 hectares
Forêts communales et d'établissements publics................	1.940.889 —
Total...............	3.115.234 hectares

A côté de cela on compte environ 6.000.000 d'hectares de forêts appartenant à des particuliers, lesquelles sont librement administrées par leurs propriétaires, *et 6.226.189 hectares de terres incultes.*

(2) On appelle *taillis* une forêt feuillue que l'on exploite à un âge peu avancé (10 à 35 ans) et qui est destinée à produire du bois de feu. Elle est constituée principalement par les *rejets* ou jeunes pousses qui se sont développés en *cépées* ou couronnes sur les souches des arbres précédemment exploités.

faces sensiblement égales et qu'on en exploite une chaque année, au bout de 30 ans — le terrain s'étant repeuplé immédiatement après la coupe, — on pourra recommencer celle-ci dans les mêmes parcelles précédemment parcourues et ainsi exploiter indéfiniment la *même surface* et par suite la *même quantité* de bois âgés de 30 ans.

Si une forêt de *haute futaie* (1) renferme, d'après les *dénombrements et cubages* qui ont été faits, un volume de 300 mètres cubes de bois en moyenne à l'hectare et si, d'autre part on a calculé que le volume total des arbres s'accroît de 2 %, soit de 6 mètres cubes en moyenne chaque année, en exploitant chaque année par hectare un volume égal à cet accroissement, soit 6 mètres cubes, — la forêt, si l'on a pris soin d'en assurer le renouvellement, pourra indéfiniment conserver le *même volume* de bois sur pied et la *même production.*

On voit que la *production soutenue* d'une forêt aménagée est subordonnée à la *régénération des peuplements* dès après leur exploitation. C'est ici qu'intervient l'art du sylviculteur

Cette régénération peut être obtenue soit naturellement, soit artificiellement. Les arbres de futaie arrivés à un certain âge produisent chaque année, comme on l'a vu, des millions de graines qui sont épandues et dispersées par le vent, les oiseaux, les petits rongeurs, les insectes même, sur le sol de la forêt. Il faut favoriser le développement de ces germes

(1) On appelle *futaie*, une forêt résineuse ou feuillue formée presque exclusivement d'arbres de *franc pied*, c'est-à-dire issus d'une graine, et destinée à produire du bois de charpente, de travail ou d'industrie. On l'exploite généralement *par pieds d'arbres*, à un âge plus ou moins avancé (35 à 200 ans), suivant l'utilisation la plus avantageuse que l'on peut donner au bois dans la région.

spontanés. On y arrive en assurant au sol les conditions d'ameublissement, d'humidité, d'abri, de chaleur, de lumière qui peuvent le mieux permettre aux graines de germer, et aux jeunes plants de se développer. Ces conditions sont le plus habituellement et le plus sûrement obtenues

L'ARBRE DE RÉSERVE DANS LES TAILLIS.

Les bois-taillis ont perdu beaucoup de leur valeur depuis que le charbon minéral remplace si fréquemment le bois et le charbon de bois dans l'industrie et dans l'alimentation de nos foyers domestiques. D'où l'utilité de maintenir dans ces bois des *arbres de réserve*, susceptibles de fournir du bois de travail et d'industrie et ainsi de donner de la valeur aux *coupes.*

par des coupes successives dites *coupes de régénération*, éclaircissant progressivement les massifs. Les coupes à *blanc étoc* — c'est-à-dire celles qui ne laissent debout aucun arbre — doivent au contraire être le plus souvent proscrites, car elles provoquent le dessèchement, le durcissement du sol ou son envahissement par de grandes herbes ou des broussailles. Dans les bois *feuillus* (1) exploités en *taillis* où les arbres sont abattus à un âge de 10 à 35 ans, généralement insuffisant pour qu'ils puissent produire de la graine, la régénération s'obtient par les *rejets* qui se forment spontanément sur les souches exploitées.

Si la régénération spontanée par semis ou rejets a été incomplète, ou si des circonstances naturelles — la gelée, la sécheresse, un excès

UNE COUPE D'ÉPICÉAS TROP CLAIRE.

Les arbres en massif serré se protègent et se soutiennent les uns les autres. C'est donc avec beaucoup de prudence et de modération - surtout en montagne - qu'il faut diriger les exploitations d'une forêt. Après une coupe trop claire, les arbres réservés sèchent sur pied ou sont renversés par le vent. D'où le proverbe forestier : *Massif clair, massif détruit.*

d'ombrage, une invasion d'insectes ou de cryptogames (champignons), — ou accidentelles telles qu'un incendie, une échappée de bétail, en ont produit la destruction partielle, il faut y remédier par des *semis* ou *p.antations artificielles.*

Enfin il ne suffit pas d'avoir assuré la forma-

(1) Se dit des arbres qui ont des feuilles à limbe développé, caduques, telles que le chêne, le hêtre, le charme, etc., par opposition aux arbres résineux (pins, sapins, etc.), dont les feuilles sont en forme d'aiguilles fines et persistent en général plusieurs années sur les rameaux.

tion de ces jeunes *massifs*, il faut encore les placer dans les meilleures conditions de développement. S'ils sont trop serrés, il faut les *éclaircir* en donnant de l'espace aux tiges du plus grand avenir et coupant les tiges chétives ou mal conformées.

Cette sélection se fait déjà par la mort spontanée de celles-ci, comme elle se produit dans nos sociétés humaines où le plus fort, le mieux armé prospère et triomphe et où trop souvent le plus faible succombe épuisé dans la lutte.

Mais ici la sensibilité pour les humbles est moins justifiée et le sylviculteur qui *dispense la vie et la mort* dans cette population végétale peut sans remords abréger la vie des jeunes plantes vouées par la nature à une existence chétive ou éphémère. Une autre sélection s'impose : c'est celle devant favoriser les essences les plus précieuses aux dépens des autres qui bien souvent tendent à les dominer ou à les étouffer. Ici l'on se trouve d'accord avec la plus équitable de nos lois sociales : *La meilleure place au plus digne.* Cette sélection se fait par l'opération forestière qu'on nomme la *coupe de nettoiement.*

Toutes ces opérations forestières : *coupes de régénération — d'éclaircie — de nettoiement,* doivent être conduites avec beaucoup de circonspection et avec une connaissance suffisante des exigences des diverses essences, et de leurs relations les unes avec les autres. Le syl-

viculteur doit donc étudier les caractères particuliers de nos principales essences dans leurs
rapports avec le sol, le climat, l'exposition, et
avec les *peuplements* (1) très divers où elles se
trouvent mélangées.

qui occupent encore notre territoire. *L'aména-*
gement forestier dans son principe essentiel est
une opération d'arpentage ou un calcul. La syl-
viculture est basée surtout sur l'étude et l'obser-
vation de la nature. C'est un livre écrit dans la

LA DESTRUCTION D'UNE FORÊT EN SAVOIE.

Rien n'est lamentable comme la destruction par coupes *à blanc étoc* des forêts qui couvrent les pentes élevées. Là où prospérait une riche végétation d'arbres séculaires, l'habitant n'aura même plus la ressource de trouver l'aliment de ses troupeaux. Après la coupe, le sol se tapisse de genévriers, rhododendrons, airelles, myrtilles, bruyères, impropres à la nourriture du bétail.

Ainsi, c'est par l'aménagement forestier et
la sylviculture que l'on peut conserver prospères et indéfiniment productives les forêts

(1) On appelle *peuplement* l'ensemble des arbres de diverses espèces ou essences qui constituent la forêt.

forêt même, *livre ouvert que chacun peut arriver*
à lire et à comprendre.

Ajoutons que la forêt ainsi aménagée et sou-
mise à l'application des règles sylvicoles doit
être pourvue de tous les organes nécessaires

pour assurer facilement sa gestion et sa surveillance, sa défense, son entretien et son exploitation (1).

LES BOIS PARTICULIERS. — L'ASSOCIATION FORESTIÈRE.

Ces règles fondamentales d'aménagement et de sylviculture ne sont pas toujours d'une application très facile pour les particuliers qui possèdent des forêts. Ceux-ci, si l'on en excepte peut-être les grands propriétaires — n'ont le plus souvent ni les notions sylvicoles, ni surtout les moyens d'action qui seraient nécessaires. — La faible étendue de leurs domaines boisés et les partages qui, à la suite des décès viennent encore en accentuer le morcellement, sont un nouvel obstacle à une protection efficace et à une gestion suivie et régulière.

Des associations formées entre plusieurs propriétaires permettraient souvent de remédier à ces inconvénients. Elles pourraient faire bénéficier tous ces petits bois d'une surveillance et d'une gestion collectives qui, s'appliquant à une superficie plus étendue, serait par là même, pour chacun d'eux, moins coûteuse, mieux organisée et plus profitable

QUELQUES CONSEILS PRATIQUES.

A défaut d'une organisation semblable, on peut résumer ainsi qu'il suit les principales règles à observer par les petits propriétaires pour conserver leurs bois et en accroître le revenu :

1° S'il s'agit d'un *bois taillis*, ne pas craindre d'en retarder de quelques années l'exploitation. Si une *coupe* faite à l'âge de 20 ans a une valeur vénale de 200 francs, elle vaudra souvent 400 francs à l'âge de 25 ans et 800 francs à celui de 30. — Réserver toujours dans ces coupes les plus belles tiges, et celles provenant de *semis naturels*, quelles qu'en soient les dimensions ; dans les forêts de montagnes réserver avec le plus grand soin les *jeunes arbres résineux* (sapin, épicéa, pin, mélèze). C'est ainsi qu'on arrive à constituer peu à peu par-dessus le taillis une *réserve* d'arbres de futaie qui accroîtra notamment dans l'avenir la valeur des coupes.

(1) Bornes, clôtures, lignes de division, chemins, maisons de gardes, etc., etc

2° S'il s'agit d'une forêt de *futaie*, on a souvent grand intérêt aussi à en laisser grossir les arbres. On peut s'en rendre compte aisément en les mesurant et estimant leur valeur à quelques années d'intervalle. — Il convient aussi, le plus souvent, de ne faire exploiter qu'un arbre sur deux, trois, quatre ou cinq, de façon que les trouées résultant de la coupe soient promptement regarnies, soit par le développement des arbres voisins, soit par celui des jeunes semis naturels existant sur le sol.

3° Enfin toute forêt *en régénération* doit être soigneusement clôturée et mise à l'abri du parcours des bestiaux.

LA FORÊT ET LE SOL.

RÉCIT. — *Le défrichement.*

« Quel dommage, me disait un jour le vieux paysan François, que je ne puisse défricher un coin de cette grande forêt qui s'étend là-bas aux confins de ma propriété. Voyez, ajoutait-il, en enfonçant sans peine son bâton dans le sol jusqu'à une profondeur de plus de 0 m. 60, quelle bonne terre meuble et quelles belles récoltes de blé elle pourrait donner ! »

« Et d'où provient cette terre, père François ? » — « Dame, du feuillage qui tombe chaque automne et qui, par l'effet de la chaleur, de l'humidité, finit par pourrir et former du terreau. » — « Par l'effet aussi des racines des arbres qui peu à peu ont pénétré, labouré le sol. Et encore par l'action des vers de terre, des insectes, des champignons, d'une multitude d'animalcules ou de *microbes* qui vivent et se multiplient, meurent à leur tour sur ces débris et en achèvent la transformation en terre végétale. Il faut donc être reconnaissant à la forêt de ce lent et mystérieux travail par lequel elle prépare et renouvelle incessamment ces provisions d'*humus* (1) qui, en se mêlant, en se combinant avec la matière minérale du sol, finissent par composer la terre de nos cultures.

Ce champ que vous voulez agrandir, ce champ avec ses belles gerbes ensoleillées dont vous êtes si fier, était perdu autrefois sous la voûte obscure des arbres.

Ce sont eux qui lui ont donné sa fertilité première. C'est à eux que vous devez cette longue suite de récoltes dont vos ancêtres et vous-même avez profité : *La terre arable est fille de la forêt.* » — « Oui, sans doute, mais quand la terre est formée, il faut s'en servir, il faut la mettre en valeur, il faut défricher. » — « Vous vous plaignez souvent, père François, que le blé ne se vend pas et paye à peine ses frais de culture. Ce serait bien pis, s'il vous fallait payer les frais d'acquisition et de défrichement du terrain. Un de nos grands agronomes du temps présent, M. Grandeau, vous a répété bien souvent qu'il y avait

(1) *Humus.* Terre végétale, couche supérieure du sol, formée, en grande partie, par la décomposition des feuillages et racines.

plus de profit à accroître par des engrais le rendement des récoltes qu'à étendre les cultures. C'est la vérité. Car si le blé se vend peu à notre époque, c'est qu'il y a assez de champs de blé de par le monde. Hélas! on défriche trop peut-être dans les régions lointaines où s'installent les civilisations nouvelles et où le sol ne coûte rien encore. Les forêts vierges d'Amérique disparaissent sur d'immenses espaces. Les arbres sont abattus, leurs débris sont consumés, les cendres épandues. Puis on sème, on récolte pendant une longue suite d'années sans apporter le moindre engrais. On gaspille peu à peu le trésor amassé par des siècles de végétation forestière !

On a trop défriché aussi autrefois dans notre vieux monde, et bien des régions sont devenues des déserts. En France même, vous pouvez voir un peu partout de grands plateaux arides, des versants de coteaux, de montagnes, dénudés, dépouillés de gazon et de terre végétale. Pourtant il y avait autrefois des cultures sur ces terrains aujourd'hui stériles. On y voit encore les limites des champs, des vignes, marquées par des vestiges de murs ou par des *clapiers* (1). Et avant les champs, il y avait des arbres, des bois. Ce sont eux qui avaient peu à peu formé sur ces plateaux rocheux ou sur ces pentes rapides une mince couche de terre végétale. Les arbres disparus, les grands rideaux forestiers qui entretenaient encore la fertilité du sol et renouvelaient sa provision d'humus, une fois complètement détruits, cette terre, épuisée par une culture de plus en plus misérable et impuissante, entraînée dans le *sous-sol filtrant* (2) ou au bas des pentes par le ruissellement des eaux, disparut à son tour. Voilà pourquoi il faut savoir limiter les défrichements. Conservons précieusement ce qui nous reste des forêts. Reconstituons par le reboisement la terre végétale là où elle a été détruite. *C'est une provision de pain pour l'avenir !* » (3)

LA FORÊT ET LA TEMPÉRATURE.

En été, quand, après avoir traversé une grande plaine brûlée par le soleil, on arrive sous les ombrages d'une forêt, on éprouve une délicieuse fraîcheur. En hiver, c'est une impression

(1) *Amas de pierres* (quelle qu'en soit l'origine) se dit, le plus généralement, des tas de pierres extraits des cultures et que l'on dispose en bordure des champs.

Cette expression est très usitée dans les régions montagneuses où on l'applique à des éboulis (clapes, clapiers) ou même à des dépôts faits par les avalanches ou les torrents.

(2) C'est la couche du sol qui se trouve au-dessous de la couche végétale et qui, formée de bancs sableux ou de rochers fissurés, provoque l'infiltration des eaux dans les profondeurs.

(3) La loi du 18 juin 1859 (Titre XV du Code forestier) interdit aux particuliers de défricher leurs bois avant d'en avoir fait la déclaration à la Sous-Préfecture au moins quatre mois d'avance, durant lesquels l'Administration peut signifier aux propriétaires son opposition au défrichement.

contraire que l'on ressent et l'on se trouve réchauffé, protégé contre le froid par le couvert ou l'abri des arbres. Les observations thermométriques sont d'accord avec ces impressions.

Sous bois la température moyenne est moins chaude en été, moins froide en hiver qu'en terrain découvert. Les écarts de la température diurne sont également atténués : le thermomètre s'élève moins haut dans le milieu du jour et s'abaisse à un degré moindre au coucher du soleil. Ainsi la forêt régularise la température et cet effet se propage dans un certain rayon à l'entour de ses massifs. Elle a donc une influence comparable à celle de la mer dont la température beaucoup plus constante que celle de la terre, tantôt réchauffe, tantôt refroidit ses rivages. Je n'ai pas besoin de dire combien cette régularisation du climat est favorable à la santé de l'homme aussi bien qu'à la prospérité de ses cultures. Celles-ci ont moins à redouter la gelée et les ardeurs du soleil.

LA FORÊT ET LE RÉGIME DES PLUIES.

La même influence régularisatrice est exercée par les forêts sur le *régime des pluies* (1). Dans les régions boisées, les pluies sont plus fréquentes, plus prolongées, mais moins violentes.

La caractéristique des régions déboisées est au contraire d'avoir des pluies rares, mais torrentielles. L'explication de ces faits est simple. L'atmosphère qui entoure les forêts est presque toujours humide. Après la pluie, l'eau séjourne sur le sol ombragé et ne s'évapore que très lentement. D'autre part, les racines vont chercher jusqu'à une grande profondeur l'eau nécessaire à la formation des tissus de l'arbre. Une grande partie de cette eau est rendue peu à peu par la transpiration des feuilles à l'atmosphère qui ainsi conserve tout l'été un degré d'humidité sensiblement plus élevé qu'en terrain découvert. Or, on sait que l'humidité atmosphé-

(1) Ensemble des caractères que présentent les pluies dans une région déterminée, notamment au point de vue de leur fréquence, de leur intensité, de leur distribution, suivant les saisons, etc.

rique se résout d'autant plus facilement en pluie que l'air est plus abondamment chargé de vapeur d'eau et qu'ainsi il approche davantage de ce que l'on appelle le *point de saturation*. Le moindre abaissement de la température suffit alors à provoquer la condensation pluviale. Cet abaissement de la température peut être provoqué par la forêt elle-même. On a constaté en effet que les couches d'air qui composent l'atmosphère au-dessus des massifs boisés sont jusqu'à une hauteur assez considérable plus froides que dans les régions environnantes. Les aéronautes, notamment, ont remarqué qu'en passant au-dessus de grands massifs boisés, leurs ballons s'abaissaient d'eux-mêmes vers la terre ainsi qu'il arrive par le fait d'un refroidissement extérieur, diminuant la tension du gaz dans l'aérostat.

Il résulte de là qu'en été, quand les courants aériens, déjà chargés d'une certaine quantité de vapeur, arrivent en contact avec cette colonne d'air plus humide et plus froid qui surmonte et enveloppe les forêts, ils abandonnent assez fréquemment, sous forme de pluie, de brouillard, de rosée, une partie de leur humidité. Voilà pourquoi on entend dire que les *forêts attirent la pluie*. Voilà pourquoi dans les vastes plaines de la Russie méridionale où les récoltes sont très fréquemment compromises par la sécheresse du climat, le Gouvernement et parfois les propriétaires particuliers font planter à l'entour des terres de culture de grands rideaux boisés.

C'est bien aussi à la disparition des forêts qu'il faut pour une grande part attribuer les sécheresses prolongées qui désolent certaines contrées telles que la Grèce, l'Asie Mineure, la Syrie, l'Algérie, l'Espagne, le Midi de la France, presque tous les rivages enfin de la Méditerranée. De faits nombreux relatés par les historiens, par les voyageurs, par les géographes et entre autres par notre grand géographe français *Élisée Reclus*, il ressort nettement que ces régions étaient autrefois mieux arrosées, plus riches en eaux courantes, moins arides.

Elles étaient à coup sûr beaucoup plus fertiles et prospères. Leur climat semble s'être asséché.

Qu'elles pleurent à jamais leurs forêts détruites ! Car c'est surtout sous leur ciel chaud et lumineux que l'on peut dire : *Terre sans eau, terre sans récolte.*

LES FORÊTS, LA FOUDRE ET LA GRÊLE.

Si les forêts attirent la pluie, elles attirent aussi la foudre. Quand le tonnerre gronde et que la pluie d'orage commence à tomber, trop souvent on vient chercher un abri sous le couvert des arbres. Les bergers y rassemblent volontiers leurs troupeaux. Combien ont été victimes de cette imprudence !

Certaines essences, par leur forme élancée, la flèche aiguë qui termine leur cime, peut-être aussi par leur conductibilité plus grande pour le fluide électrique, semblent être plus fréquemment atteintes par l'éclair. Tels sont le *peuplier*, l'*épicéa*, le *sapin*.

Puisque les forêts tendent à décharger les nuages orageux de leur fluide électrique, on s'est demandé si elles n'exerceraient pas aussi une certaine action sur le phénomène de la grêle, si redoutable aux récoltes. Un certain nombre d'observations tendent à prouver que cette hypothèse est exacte et que les orages de grêle peuvent être dans certains cas arrêtés ou en quelque sorte désarmés à leur passage au-dessus des forêts.

LES FORÊTS ET LES SOURCES.

Les ruisseaux aiment à dérober sous le couvert des bois le mystère de leur naissance et on se représente volontiers les sources entourées d'arbres qui conservent la fraîcheur et la limpidité de leurs eaux, en les abritant contre les rayons du soleil et les protégeant contre les poussières de l'atmosphère ou la pollution des ruissellements superficiels.

Mais il existe des relations beaucoup plus profondes et comme une sorte de parenté mystérieuse entre les forêts et les sources. On voit fréquemment celles-ci sourdre à l'intérieur ou à l'entour de grands massifs boisés, au pied de versants couverts de bois et de gazons. Les émergences d'eaux souterraines deviennent au contraire beaucoup plus rares, et surtout beaucoup moins constantes dans les régions déboisées.

On a pu voir même des sources disparaître après que des destructions forestières importantes avaient eu lieu dans leur bassin d'alimentation.

qui, le premier, nous a donné l'explication juste de leurs origines.

Elles sont alimentées par les vapeurs atmosphériques qui se dégagent des mers ou des continents et sous l'influence d'un abaissement de

LA FONTAINE DE VAUCLUSE (Source de la Sorgue).

Les sources, bien qu'elles jaillissent fréquemment de couches souterraines très profondes, ne sortent pas, comme on le croyait autrefois, des entrailles de la terre. C'est Bernard Palissy

température se condensent sous la forme de pluies, de neiges ou de glaces. Pluies et eaux de fusion des neiges et des glaces tantôt ruissellent à la surface du sol, créant parfois ces belles cascades que nous admirons, et alimentent directement les ruisseaux et rivières, tantôt s'infiltrent dans ses couches profondes par les fissures des rochers, s'y creusent peu à peu de longs et tortueux conduits, y forment de vastes réservoirs ou de véritables rivières souterraines pour revenir enfin à la lumière à la base d'un versant ou dans la gorge d'un ravin.

Ainsi se forment les sources. Mais on a vu que les forêts, en maintenant dans leur voisinage l'atmosphère plus humide et plus froide, provoquaient les pluies ou les rendaient plus fréquentes, plus prolongées et plus régulières. Par là même, elles contribuent déjà à augmenter et à régulariser le débit des sources. Mais elles agissent aussi en diminuant le ruissellement superficiel et provoquant par le réseau de leurs racines la pénétration des eaux dans les couches profondes. Enfin, par leur feuillage vert, par la couverture de feuilles mortes et l'accumulation d'humus qui se produisent sur leur parterre, elles retardent l'écoulement des eaux pluviales et, agissant à la manière d'une éponge, les rendent en quelque sorte goutte à goutte.

Ainsi encore elles retardent, prolongent la crue des sources et rendent leur débit plus constant et plus régulier.

RÉCIT

L'Enfant et la Source (Petite leçon symbolique).

« D'où viennent donc, disait Paul à son père, ces eaux fraîches et limpides qui en toutes saisons remplissent la source et s'épanchent dans le ruisseau?» — « Mon fils, interroge la source elle-même et peut-être te révélera-t-elle son secret. Que vois-tu dans le calme miroir de ses eaux ? » — « J'y vois sur ses bords la silhouette renversée des arbres qui semblent y baigner leur fraîche verdure ; au milieu, l'azur du ciel et de grands nuages blancs qui le traversent chassés par le vent, et çà et là les reflets de soleil qui miroitent à sa surface. »

— « Eh bien, dit le père, tu vois là, rassemblés comme en un tableau, tous les éléments qui concourent à former la source : le soleil qui aspire l'eau des continents et des mers, le nuage qui la transporte dans les hautes régions de l'atmosphère, enfin les bois et les gazons qui la reçoivent, la tamisent, la laissent écouler peu à peu jusqu'aux conduits souterrains d'où tu la vois sortir en soulevant légèrement le sable qui tapisse le fond du bassin. »

QUESTIONNAIRE DU LIVRE II.

1º *Quels sont les caractères distinctifs de l'arbre ayant crû à l'état isolé et de l'arbre des forêts ?*

2º *Comment s'est produite l'invasion forestière dans le monde ?*

3º *Comment distingue-t-on les essences forestières suivant leur tempérament ? — Essences d'ombre — essences de lumière.*

4º *Des causes qui ont limité ou arrêté le développement des forêts : Quelle a été notamment l'influence du sol et du climat. Quelle a été la conséquence du développement de la race humaine ?*

5º *Expliquer pourquoi la destruction des forêts par l'homme doit se limiter aujourd'hui ?*

6º *Quels sont les divers emplois du bois — dans l'habitation — dans l'industrie. — Pourquoi la consommation du bois ne cesse-t-elle de s'accroître ? Quels sont les nouveaux emplois de la matière ligneuse ?*

7º *Qu'est-ce que l'aménagement d'une richesse naturelle ? Pourquoi ce grand principe doit-il être appliqué aux forêts ?*

8º *Faire l'historique de nos forêts françaises, des mesures prises pour les sauver de la destruction. Citer les grands hommes qui ont contribué à l'application de ces mesures.*

9º *En quoi consistent l'aménagement forestier et la sylviculture ?*

10º *Comment aménage-t-on un bois taillis d'après sa contenance ? Comment aménage-t-on une futaie d'après le volume de ses arbres ?*

11º *Comment se fait la régénération naturelle dans un bois taillis ?*

11º *Comment se fait la régénération naturelle dans une futaie ?*

12º *Pourquoi faut-il éviter les coupes à blanc étoc ? Comment la régénération naturelle peut-elle être complétée ? (Semis ou plantations artificielles).*

13º *Quels sont les soins à donner aux peuplements forestiers ? En quoi consiste la coupe d'éclaircie — celle de nettoiement ?*

14º *Quels sont les avantages de l'Association forestière pour les petits propriétaires ? Quelles sont les règles essentielles à suivre par ceux-ci pour la gestion de leurs bois ?*

15º *Quelle est l'action de la forêt sur le sol ? Comment se forme la terre végétale ? Pourquoi convient-il de limiter les défrichements ?*

16º *Quelle est l'influence de la forêt sur la température d'un lieu ?*

17º *Expliquer l'influence régulatrice de la forêt sur le régime des pluies ?*

18º *Quelle est son action sur les nuages orageux et la grêle ?*

19º *Quelle est son influence sur le débit des sources ?*

LIVRE III

LA MONTAGNE

ET LES

COURS D'EAU

LE LAC D'OREDON. Altitude : 1 869 mètres (Hautes- Pyrénées).

Les lacs de montagne retiennent, emmagasinent l'eau qui provient des pluies ou de la fonte des neiges, et ne la rendant que peu à peu aux cours d'eau, ils contribuent à régulariser leur débit. Il faut préserver de toute destruction les forêts et les pentes gazonnées qui les entourent, les protègent et ajoutent tant de charme à l'éclatant mirage de leurs eaux.

LES GLACIERS.

Si les forêts arrêtent dans une certaine mesure les nuées pluvieuses, c'est surtout vers les régions montagneuses que celles-ci tendent à se diriger et à se concentrer. — On voit presque en toute saison les crêtes ou les versants des montagnes s'envelopper de nuages, alors même que le ciel reste serein sur le vaste horizon des plaines. Au contact de ces régions élevées et partant plus froides, cette humidité va se condenser; sur les hauts sommets ou dans les *cirques* que bordent les plus hautes crêtes de nos montagnes alpestres et pyrénéennes, elle s'accumule en de grandes masses cristallines pour former les glaciers et névés. Ces belles nappes blanches, qui se profilent avec tant d'éclat par-dessus les horizons assombris des montagnes et s'enveloppent le soir d'une si douce lumière rose, semblent n'avoir pour l'homme que l'attrait d'un beau spectacle. Le montagnard même les a maudites souvent ces grandes étendues glacées, les accusant de la froidure du climat, mettant sur leur compte les gelées printanières qui viennent détruire ses récoltes. Le montagnard avait raison sans doute, mais l'habitant de la vallée et des plaines sait depuis longtemps que le glacier est comme un grand réservoir laissant écouler peu à peu, pendant la saison chaude, les eaux qui doivent alimenter les sources, arroser ses cultures, faire marcher son moulin ou sa scierie; qu'ainsi il contribue à répandre au loin la vie et la prospérité.

Ces glaciers étaient beaucoup plus étendus autrefois qu'ils ne le sont aujourd'hui. Il fut un temps où ils couvraient tous les versants, remplissaient toutes les gorges, toutes les vallées de nos montagnes et venaient s'étaler jusque dans nos plaines. Ce fut la *période glaciaire*. Puis le climat s'étant réchauffé, ils reculèrent peu à peu leurs limites, abandonnant sous forme de *moraines* (1), de *blocs erratiques* (2),

(1) *Moraines.* Amas de roches, graviers, boues accumulées par les glaciers.

(2) *Bloc erratique.* Bloc transporté par les glaciers, souvent très loin de son point d'origine.

de collines de débris, les matériaux qu'ils entraînaient dans leur lent mouvement de descente, et laissant le sol dénudé en proie à l'*érosion* (1) des eaux ruisselantes. A ce moment il se produisit de grands changements dans le relief des montagnes. Des ravins se *formèrent* ou s'approfondirent, de grands dépôts alluvionnaires s'accumulèrent dans les vallées et les plaines voisines. Ce fut l'*ère torrentielle*. Enfin, peu à peu les pentes recouvrèrent leur talus d'équilibre, la végétation s'en empara, les torrents se fixèrent dans leur lit et nos montagnes prirent leur forme d'aujourd'hui et leurs aspects verdoyants.

Mais à travers des alternances climatériques diverses qui l'ont par moment interrompue, la grande évolution du recul des glaciers n'a cessé de continuer. Elle s'accuse un peu partout, dans nos montagnes européennes comme dans l'Himalaya. Dans nos Alpes, dans nos Pyrénées, beaucoup de glaciers ont disparu. D'autres vont mourir. Évolution inquiétante pour l'humanité. *Chaque glacier détruit, ce sont des milliers de sources et de ruisseaux qui pendant l'été vont tarir. C'est la montagne réchauffée et les pluies moins fréquentes ; c'est la sécheresse plus grande dans la montagne comme dans la plaine !*

LES LACS.

Les lacs retiennent une partie des précipitations atmosphériques qui se produisent dans les régions montagneuses. Ils sont l'un des grands charmes de ces régions avec leurs eaux vertes ou azurées qui reflètent les aspects changeants de leurs rives : ici les pentes assombries par la forêt, ou la verdure claire des pelouses pastorales ; là les grandes murailles rocheuses ou les talus d'éboulis, ici enfin la neige éclatante des sommets.

Mais, comme les glaciers, ils jouent un rôle important dans la distribution des eaux de la montagne. Comme eux, ils sont des réservoirs où s'assemble le produit des nuées pluvieuses et des chutes de neige. Cette eau n'est rendue

(1) *Érosion.* Action d'un liquide qui ronge, creuse, ravine.

que peu à peu et contribue à alimenter pendant la saison sèche les sources et les rivières.

Malheureusement, ces lacs des montagnes, eux aussi, tendent à disparaître ! Pour celui-ci, le barrage qui retenait ses eaux s'est usé peu peu le lac se comble, il devient marais, tourbière, et voilà encore un réservoir détruit.

Glaciers et lacs disparus, que restera-t-il pour emmagasiner les eaux, pour les retenir jusqu'à la saison sèche. Il restera : la *Forêt !*

PINS CEMBROS ET MÉLÈZES. — Forêt de Villarodin, près Modane (Savoie).

Ce sont les derniers représentants de la végétation forestière dans les hautes altitudes. Le *mélèze* avec sa forme élancée et ses rameaux flexibles, le *cembro* avec son fût trapu et sa ramure vigoureuse bravent les chutes de neige et les tempêtes. En protégeant les versants inférieurs contre les avalanches et les torrents, et fournissant le bois nécessaire à la construction des chalets et à l'entretien de leurs foyers, *ils sont la Providence de la Haute Montagne, en même temps que son plus bel ornement.*

à peu ou brusquement rompu et voilà le réservoir vidé, asséché. Pour celui-là, les pentes qui l'entourent laissent pleuvoir dans son bassin les pierres de leurs éboulis, ou se déverser les déjections terreuses de leurs ravins : et peu à

LA FORÊT EN MONTAGNE.

Glaciers et lacs n'occupent en somme dans la plupart des régions montagneuses qu'une étendue assez restreinte et les cours d'eau de ces régions sont alimentés surtout par la fonte des neiges hivernales ou par les eaux de pluie qui ruissellent à la surface des versants. La fonte des neiges se produit assez brusquement au printemps. Quelques journées de soleil ou quelques rafales d'un vent chaud et humide suffisent à amener le déchirement de la grande couverture blanche qui tapissait les pentes. Les pluies abondantes et continues n'ont guère lieu qu'au printemps et à l'automne. Voilà des conditions fâcheuses pour une alimentation régulière et constante des cours d'eau. Mais voici qu'intervient la forêt.

Elle retient les neiges dans la zone élevée et les empêche de dévaler en avalanches jusqu'au bas des pentes ; elle ralentit leur fusion en les protégeant contre les rayons du soleil ; elle absorbe en grande quantité, dans sa couverture de mousse, de feuilles et de terreau, les eaux ruisselantes et ne les laisse écouler que goutte à goutte. Ainsi, comme les lacs et glaciers, elle concourt à retenir le grand mouvement de descente des eaux montagneuses.

Malheureusement, pour remplir efficacement ce rôle de réservoir, de régulateur des courants d'eau, la forêt doit occuper dans les régions élevées une très grande place. Elle doit tapisser les escarpements, les versants rapides situés à la base des montagnes, remplir d'une végétation touffue les ravins, les *combes* (1) et gorges profondes où les eaux tendent à se rassembler. Et cela existait autrefois. C'est par ces versants inférieurs, par ces combes et ravins, qu'après le retrait des glaciers, les forêts montèrent peu à peu à l'assaut des montagnes ; c'est là qu'à la faveur d'un climat plus doux, de l'abri, de l'humidité persistante, elles purent s'installer solidement, se fortifier en quelque sorte pour ensuite escalader les hauts plateaux et les crêtes, et s'avancer jusqu'aux neiges éternelles. Mais voici qu'à l'invasion végétale a succédé l'invasion humaine. Trop à l'étroit dans les régions de plaines qu'il avait peu à peu défrichées et mises en culture, l'homme vint chercher de nouvelles installations et de nouveaux

(1) *Combe.* Petit vallon étroit et allongé.

moyens d'existence dans les vallées des montagnes. Il défricha d'abord les terres basses et planes, riveraines des cours d'eau, — puis celles-ci ne lui suffisant pas, il fit grimper peu à peu ses cultures sur les versants les mieux exposés et les plateaux. Et en même temps il bâtissait ses habitations, ses villages : il fallait du bois pour les constructions ; il en fallait pour le chauffage dans les longs hivers et pour la cuisson des aliments. Il fallait aussi des pâturages pour assurer l'alimentation des troupeaux. Ainsi il dut ouvrir par la hache et par le feu des clairières de plus en plus étendues dans les grands massifs forestiers.

Mais les forêts, je l'ai déjà dit, ont de grandes analogies avec nos sociétés humaines. Celles-ci tiennent leur solidité, leur force de résistance, du rapprochement, de l'union étroite entre tous leurs membres. De même les arbres d'un massif forestier se soutiennent, se fortifient l'un par l'autre. Qu'une brèche vienne à s'ouvrir dans le massif, et voilà que les vents, la tempête, les avalanches, les coups de soleil sur les fûts privés de branches, la gelée, les invasions d'insectes, viennent compromettre les arbres riverains et agrandir la trouée.

Le troupeau lui-même prit part à la destruction : il faut 10, 12, parfois 15 ans au jeune arbre pour élever sa tige et la mettre à l'abri de la dent du bétail. Lors, qu'arrive-t-il quand les grands arbres qui couvrent encore le sol piétiné ont succombé sous l'atteinte de la maladie ou de la vieillesse? A côté des arbres morts qui dressent encore leurs squelettes blanchis ou gisent étendus sur le sol du pâturage, on ne trouve plus que quelques rares jeunes semis étiolés, mutilés, qui ne pourront s'élever au-dessus du gazon. Les morts ne seront pas remplacés, la forêt est irrémédiablement détruite.

LES PRÉS-BOIS (1).

Il arrive cependant qu'à la faveur des *morts-bois* (2) ou des végétaux semi-ligneux, aubépines,

(1) *Prés-bois.* Prairies ou pâturages parsemés de bouquets de bois.
(2) *Morts-bois.* Se dit de tous les arbrisseaux sans valeur, qui restent à l'état buissonnant.

coudriers, buis, genévriers, rhododendrons, etc., qui se développent sur le parterre de la forêt détruite et qui les protègent contre la dent des bestiaux, quelques jeunes arbres peuvent subsister ; mais alors intervient le pâtre. Il incendie cette lande buissonneuse qui nuit au développement des bons herbages et tout espoir altitudes. Le bétail lui-même profite de ces abris et de ces ombrages. Il souffre moins du froid, du chaud, du vent, de ces variations de température, si brusques et si accentuées dans la haute montagne. Enfin les défoliations (1) de l'arbre entretiennent, *nourrissent* le sol de la pâture. Elles ramènent à sa surface les éléments

UN PRÉ-BOIS EN SAVOIE.

Les rideaux boisés ou les bouquets de bois, par leurs ombrages, les feuilles ou aiguilles desséchées qu'ils laissent tomber sur le sol, entretiennent la fraîcheur et la fertilité des pelouses de montagnes. — Ils servent aussi d'abri au bétail.

de conservation des bouquets des bois est pour longtemps anéanti.

Ces bouquets de bois sont pourtant infiniment précieux dans les pâturages de montagnes. Ils abritent la pelouse contre les vents glacés : ils la protègent contre les radiations du soleil si intenses dans l'atmosphère limpide des hautes humiques empruntés principalement à l'atmosphère, et les éléments minéraux tirés des couches profondes du sol.

Cette restitution est ici d'autant plus nécessaire, que ces terrains ne reçoivent le plus

(1) *Défoliation.* Chute des feuilles.

souvent comme engrais que les déjections des animaux et que le ruissellement des eaux pluviales sur les pentes rapides tend sans cesse à dissoudre et à entraîner les principes fertilisants.

Les arbres, par la fraîcheur de leurs ombrages, et par les éléments qu'ils apportent au sol,

Le drainage naturel produit dans le sol par leurs racines peut faire disparaître également les plantes des sols marécageux très impropres aussi à l'alimentation du bétail. Enfin, ces plantes néfastes, telles que la bruyère, les airelles, le rhododendron, etc., qui, en plein découvert, forment des fourrés si touffus que le bétail

UN COIN DU PATURAGE DES GETS (Haute-Savoie)

Les meilleurs pâturages, s'ils ne sont pas entretenus périodiquement par des travaux se dégradent. Les plantes impropres à la nourriture des animaux telles que la bruyère, les genêts, les ajoncs, les bugranes, les euphorbes, les fougères, les graminées grossières, etc., se multiplient peu à peu, aux dépens des bonnes espèces. — Le piétinement répété du bétail dénude le sol, trace partout des sentiers où les eaux pluviales se rassemblent et ainsi préparent le ravinement.

exercent enfin une très grande influence sur la composition fourragère des pâturages. Les graminées grossières et de peu de profit pour le troupeau, telles que le *nard-raide* (poil de bouc), les *brômes*, les *fétuques*, etc., recherchent les pentes sèches ensoleillées. Le couvert des arbres tend à les faire disparaître.

n'y peut trouver la moindre nourriture, croissent plus difficilement sous le couvert des arbres de futaie et y sont fréquemment remplacées par quelques-unes de nos meilleures espèces végétales. Qui n'a admiré la belle végétation herbacée que l'on rencontre dans les clairières des forêts de sapin et d'épicéa, ou celle que l'on trouve sous la futaie claire du mélèze ? Toutes nos bonnes légumineuses, les *trèfles*, les *sainfoins*, les *anthyllides*, etc., y trouvent les conditions qu'elles recherchent, un sol frais et riche en terreau, et s'y multiplient.

Voilà pourquoi il fallait conserver avec le plus grand soin cette forme du « pré-bois »

les troupeaux se multipliaient. Dans le principe, les habitants se bornaient à *estiver* (1) sur la montagne les seuls bestiaux que leurs ressources fourragères leur avaient permis d'hiverner. Peu à peu, pour utiliser complètement les herbages de ces pâturages étendus et accroître leurs profits, les habitants firent venir pendant

PATURAGE DES GETS (Haute-Savoie).

Les arbres fixent, consolident le sol des pâturages des montagnes. Leur destruction a pour résultat immédiat la formation des érosions et ravinements et pour conséquence la transformation des ruisseaux en torrents.

qui existe encore dans le Jura et dans certaines parties des Alpes et des Pyrénées, mais qui a disparu sur la plus grande partie de nos montagnes.

LES PATURAGES.

Au fur et à mesure que la population se développait dans les vallées, et que les pâturages s'agrandissaient par la destruction des forêts,

l'été des bestiaux étrangers. Les communes surtout, pour se créer des ressources, affermèrent une partie de leurs montagnes à des pâtres des pays de plaine. Bref, on vit chaque été se produire une véritable invasion de troupeaux de moutons qui, jusque dans le voisinage des

(1) *Estiver*, faire séjourner pendant l'été par opposition à *hiverner*, faire séjourner pendant l'hiver.

neiges éternelles et des glaciers, dévorèrent les gazons de la montagne. A la destruction des forêts succéda la dégradation des pâturages.

peu à peu, alors que les mauvaises plantes dédaignées par les animaux se multiplient de plus en plus. Ainsi se forment ces épais tapis de bruyères, de rhododendrons, d'airelles, de fougères, de genêts, de genévriers, de buis, etc.. qui rendent improductives d'immenses étendues et obligent le bétail à se concentrer sur les espaces de plus en plus restreints où se maintiennent les bonnes plantes fourragères.

Là, les bons gazons tondus sans merci, épuisés par la surcharge des bestiaux, s'appauvrissent peu à peu. Leurs touffes herbacées deviennent de plus en plus naines, malingres. Quelques-unes meurent, et voilà la pelouse trouée, clairiérée et par suite de plus en plus exposée à la sécheresse.

Le piétinement des animaux accentue la dégradation, isole de plus en plus les touffes, trace partout des sentiers où la terre se durcit et se dessèche, et où les eaux de ruissellement viennent se rassembler. Alors à cette dénudation partielle des versants succède le ravinement.

LE RAVINEMENT DE LA MONTAGNE.
Le torrent de Lans (Hautes-Alpes) et son bassin de réception.

Au déboisement et à la dénudation des versants succède le ravinement sous l'action des eaux ruisselantes provenant des pluies ou de la fonte des neiges. Ces eaux, chargées de matières terreuses, de pierres, de blocs, se concentrent très rapidement au pied du versant et déterminent ainsi la formation d'un *Torrent*.

Cette dégradation affecte diverses formes : ici les bonnes plantes du pâturage, incessamment broutées par le bétail, disparaissent

A la fonte des neiges ou sous l'action des averses torrentielles de l'été, il se forme une multitude de petites rigoles qui vont en se creusant, en se multipliant d'année en année, puis se réunissent à la partie inférieure des versants pour former ces énormes échancrures ils drainent, rassemblent et écoulent rapidement toutes les eaux des versants. Presque complètement à sec une grande partie de l'année, voilà que brusquement, sous l'influence d'une pluie d'orage ou de la fonte des neiges, ils se chargent d'une énorme masse liquide qui

LE RAVINEMENT DANS LES TERRES NOIRES (Hautes-Alpes).

Si le sol de la montagne est constitué par des matières inconsistantes ou facilement délayables par l'eau, telles que les marnes, les terres argileuses, le Ravinement s'accentue très rapidement et forme ce que l'on appelle des Ruines. Ces Ruines donnent naissance à des torrents particulièrement dangereux qui dans leurs crues produisent des coulées boueuses semblables aux Laves des volcans.

aux berges croulantes, par où s'échappent les eaux boueuses des *torrents*.

LE TORRENT.

Terribles ennemis pour les habitants des montagnes, ces torrents dont je viens de décrire la formation. Avec leurs ramifications multiples, affouille, ronge et attire peu à peu dans le gouffre qu'ils se sont creusé les terres, les rochers, les cultures, les arbres, les habitations, tout ce qui avoisine leurs berges croulantes. — Plus d'aisance, plus de sécurité dans la vallée. Au débouché du ravin s'étendaient de belles cultures, des prairies, un coquet village entouré de vergers; tout cela est à la merci du monstre qui, à la première crue, peut les ensevelir sous une couche épaisse de boues limoneuses ou sous un amoncellement de blocs ou de graviers.

Les canaux d'irrigation établis à grands frais à la base des versants et qui distribuaient partout leurs eaux fécondantes, sont comme le torrent lui-même, tantôt taris, tantôt envahis, comblés par la crue boueuse. Les chemins, les ponts sont coupés, détruits. L'habitant, ruiné à nourrir ses troupeaux et qu'il n'en reçoit plus que les dégâts et les menaces de l'avalanche et du torrent ! (1)

RÉCIT.   *La Maison du Ravin.*

Voici une maison singulièrement située : quelques mètres à peine la séparent de la berge croulante d'un ravin. Plusieurs grosses lézardes apparaissent sur les murs : « Pourquoi, brave homme, votre maison a-t-elle été bâtie si près du ravin? » — « Monsieur, répond le vieillard, quand cette maison a été bâtie, ce ravin n'existait pas.

LE RAVINEMENT DANS LES BOUES GLACIAIRES — Vue générale du torrent de Valauria (Hautes-Alpes).

Dans les sols constitués par des matériaux (sables, pierrailles, blocs) que les glaciers ont déposés au fond des vallées ou sur leurs versants, le ravinement est aussi très énergique et produit parfois des effets singuliers. Il laisse debout les parties les plus résistantes du sol sous la forme de pyramides effilées ou de colonnes coiffées d'une grosse pierre que l'on nomme des *Demoiselles.*

par des dégâts sans cesse renaissants, découragé par les vains efforts qu'il fait pour les réparer et pour protéger son pauvre domaine, n'a bientôt plus qu'une ressource : celle d'émigrer, abandonner sa vieille demeure familiale et ses champs, dont ses ancêtres étaient si fiers — et ses montagnes qu'on lui disait si verdoyantes et si riches autrefois, et qu'il a appris peu à à maudire, depuis que les arbres et les guzons en ont disparu, qu'elle est devenue impuissante

Ce n'était qu'un ruisseau qui coulait presque au ras du sol et qui était bordé d'aunes et d'osiers. Enfant, je le franchissais d'un saut. Mais peu à peu le ruisseau est devenu mauvais. Il s'est creusé d'abord un peu, puis beaucoup. Et à mesure qu'il se creusait, les talus s'ébou-

(1) Dans les Hautes et Basses-Alpes, si ravagées par les torrents, le nombre des habitants a diminué de 1846 à 1896 de 60.109 habitants pour une population totale en 1846 de 287.222 habitants, — c'est une diminution de 20,9 p. 100.

Dans les Pyrénées, la dépopulation de 1846 à 1901 a été de 23,4 p. 100 pour l'ensemble des *arrondissements montagneux* des 5 départements : Hautes et Basses-Pyrénées, Haute-Garonne, Ariége, et Pyrénées-Orientales.   (P. Descombes.)

laient de chaque côté; enfin il est devenu ce que vous voyez. C'est un mauvais, mauvais torrent. Voyez-vous, quand il donne, c'est effrayant. Regardez là-bas ce gros rocher plus gros que la maison. Ce sont les eaux qui l'ont amené là. Et j'en ai vu passer bien d'autres encore plus gros.

Ils roulaient au milieu de la boue du torrent comme

crue. Je remontai précipitamment, comme vous pouvez le croire. J'étais à peine arrivé ici que tout le ravin se remplissait à une hauteur de près de dix mètres de boue et de blocs. Tout cela descendait pêle-mêle, sans aller très vite, mais avec un bruit effrayant. En moins d'un quart d'heure tout était passé. » --- « Mais ne craignez-vous point pour votre pauvre maison ? » — « Monsieur, quand

LE LIT DU TORRENT. — Torrent de Valaurîa (Hautes- Alpes).

Terres et sables, pierres et blocs, provenant des *Ruines* de la montagne, s'accumulent dans le lit du torrent. C'est la provision de matériaux que le flot boueux des crues va charrier dans la vallée ou la plaine voisine.

des tonneaux. Il faut que je vous raconte qu'un jour j'avais apporté ma baratte dans l'eau du ravin pour en resserrer les cercles. Comme une averse épouvantable commençait à tomber, je descendis pour la retirer. Je n'étais pas arrivé à moitié de la pente que je vis ma baratte se mettre en mouvement et descendre le ravin en roulant sur les blocs. Et pourtant le torrent était encore presque à sec. C'était le courant d'air qui précédait la

l'orage commence à gronder, nous déménageons vite nos pauvres hardes, nous faisons sortir les bêtes de l'étable et nous nous réfugions chez le voisin, à cette maison que vous voyez là-bas. Lui est encore un peu tranquille. Il se croit même à l'abri de tout parce qu'il est à 100 mètres du ravin. Il est jeune, et les jeunes rient de la parole des vieux. Je lui dis que quand ma maison aura disparu, la sienne y passera à son tour et qu'il ferait bien de ne pas mettre tant de bêtes à laine sur la montagne, car. Monsieur, ce sont les moutons qui ont ruiné la montagne, et c'est depuis que la montagne est ruinée que les torrents sont devenus mauvais. Quand je lui dis cela, il se met à hausser les épaules. Il n'a pas vu comme moi le ravin se rapprocher peu à peu. Au commencement aussi je n'y prenais point garde, mais à la fin je mesurais avec terreur de combien la berge se rapprochait à chaque crue. —J'ai bien là-bas, au pied du talus, rangé quelques blocs et planté

lument au pâturage; alors mes enfants ont compris qu'ils ne pouvaient plus vivre ici, et ils sont allés en Californie chercher fortune. » — «Travailler aux mines d'or peut-être? » - «Non, Monsieur, ils sont bergers, comme on l'est ici. Il y a dans ce pays-là de grandes plaines désertes qui n'appartiennent à personne et où ils peuvent garder de grands troupeaux. Ils réussissent bien, car ils nous envoient quelquefois de l'argent pour nous aider et nous disent qu'ils pourront revenir dans quelques années et qu'ils seront les plus riches du pays. »

DESTRUCTION D'UN VILLAGE PAR UN TORRENT.

La place et l'église de Fourneaux Savoie) envahies le 23 juillet 1905 par une crue torrentielle·

Si le torrent, dans ses divagations capricieuses à l'issue du ravin, rencontre un hameau, un village, il l'enfouit sous ses déjections. Ainsi il advint du hameau de Sainte-Foix en 1896 et cette année même (1905) du village de Fourneaux en Maurienne (Savoie).

quelques arbres pour le protéger. Mais à la première crue cela peut être emporté. Enfin j'espère toujours que ma misérable bicoque durera autant que ma pauvre femme et que moi. » — «Vous n'avez donc pas d'enfants? » — « Monsieur nous en avons quatre, mais ils ont quitté le pays. Que voulez-vous? Nous avions de bonnes terres autrefois, au pied du versant, là où vous voyez ces monceaux de pierres. C'est le torrent qui les a ainsi recouvertes. La montagne était belle aussi; on pouvait y tenir de beaux troupeaux, mais elle se dégrade de plus en plus et, dans quelques années, il faudra renoncer abso-

LE FLEUVE TORRENTIEL.

L'habitant des plaines ne tarde pas à être victime à son tour de cette ruine des montagnes, commencée par le déboisement et le dégazonnement des versants et continuée par l'avalanche, le ravin, le torrent. Le grand fleuve qui les traverse s'alimente à tous les cours d'eau qui descendent de la région montagneuse. Si ceux-ci ont un régime irrégulier, torrentiel, s'ils s'assèchent pendant l'été, et si, sous l'influence de la fonte rapide des neiges ou d'une pluie torrentielle, ils s'emplissent brusquement d'un énorme volume d'eau boueuse, chargée de pierres et de graviers, le fleuve aussi prendra les mêmes caractères.

Il n'aura plus cette allure paisible, ce courant régulier d'eaux limpides s'écoulant doucement, emprisonné entre les bordures de gazons ou les bois, les denrées agricoles et les produits de l'industrie des cités. Il ne peut plus alimenter les canaux, à grands frais établis, qui fécondaient au loin les prairies, les cultures et parfois approvisionnaient d'eau potable les agglomérations humaines.

C'est la sécheresse, la stérilité, l'appauvrissement pour la plaine autrefois riche et prospère. C'est aussi la menace incessante pour les rive-

DÉGATS TORRENTIELS DANS LES VALLÉES.
Le torrent de Merdarel et le village de Jarjayes (Hautes-Alpes).

Tous les lits de la vallée torrentiel produits ravages dévastateurs, charriaient sur lit parfois aux lits des cultures, détruisant les prairies, les eaux du lit habitaient ou enlevaient les villages établis sur ses bords.

rangées d'arbres qui fixent et ombragent ses rives. Son lit n'est bientôt qu'une vaste plage de sable, de graviers, de limons qu'apporte et renouvelle incessamment un flot presque toujours troublé et tumultueux. En été, le courant très affaibli semble perdu au milieu de tous ces dépôts qui l'absorbent en grande partie.

Dès lors, il ne peut plus suffire à porter les bateaux qui autrefois transportaient les rains du fleuve, car vienne une crue subite de tous les torrents de la montagne, comment ce lit déjà rempli par les dépôts précédents, ce lit dont le niveau supérieur atteint déjà et parfois dépasse le niveau des rives, pourra-t-il contenir l'énorme volume d'eau et de matières charriées ?

En vain l'on a établi sur les points les plus menacés des *enrochements*, des *fascines*, des *épis*, des *digues* puissantes. Tous ces ouvrages

4

de défense et de protection sont tôt ou tard surmontés ou emportés.

L'INONDATION.

Triste et douloureux spectacle que celui de l'inondation, de l'immense nappe d'eau jaunâtre étendue sur la plaine : des épaves de tout genre, charpentes, meubles, pailles, fourrages, animaux vivants flottent ou nagent à sa surface.

vertes d'une épaisse couche de pierres, de graviers, de sable qui les stérilisent pour toujours. Plus loin, les récoltes de l'année détruites, les habitations démolies ou rendues inhabitables. Les ponts, routes, canaux, les édifices publics, le travail de vingt générations anéanti. Partout la misère, la ruine, et parfois l'épidémie venant ajouter à l'horreur du désastre de nouvelles victimes humaines.

Alors retentissent les malédictions accou-

LE FLEUVE TORRENTIEL. — La construction des Épis sur la Loire.

En recueillant, rassemblant les eaux et les matières apportées par les torrents de la Montagne, les rivières de la Plaine prennent à leur tour le caractère *torrentiel*. Leur débit devient irrégulier. Leur lit s'exhausse peu à peu; on est obligé de construire des *Digues* ou des *Épis* (1) pour protéger leurs rives, y provoquer le dépôt des graviers ou limons, et ainsi assurer la libre circulation des eaux et des bateaux dans le milieu de la rivière.

Ici, des arbres dont on ne voit plus que la cime. Là, des villages, des villes assiégés par les eaux, des maisons qui s'écroulent presque sans bruit, des hommes luttant désespérément pour sauver leur vie, leur famille ou leurs biens, des femmes avec leurs enfants étroitement embrassés, attendant dans l'angoisse le signal de la délivrance ou la mort la plus horrible !

Douloureuses conséquences aussi : sur la rive immédiate du fleuve, les terres ont été emportées par l'érosion du flot, ou sont recou-

tumées. On accuse le fleuve, le ciel, le nuage. C'est la montagne, c'est l'homme qu'il faut accuser. Quand, sur les pentes toutes couvertes de gazons et de bois, les eaux s'écoulaient goutte à goutte, le fleuve grossissait lentement, son lit n'était point rempli, obstrué par les pierres,

(1) On appelle *digue* un ouvrage en pierre, bois ou fascines établi parallèlement à la rive et destiné à la protéger contre les érosions du courant ou ses débordements.

L'*épi* est une *jetée* ou *barrage partiel* construit perpendiculairement à la rive et qui a pour but de resserrer et fixer le courant dans le milieu du lit.

les graviers, et le flot des crues pouvait passer sans grand dommage pour la plaine.

L'INONDATION DE LA GARONNE EN 1875.

Nous avons connu, hélas! dans notre pays de France, des spectacles de ce genre. L'inondation la plus récente est celle de la Garonne en 1875. Écoutez ce qu'en a dit notre grand géographe Elisée Reclus : « Tout un faubourg de Toulouse, le faubourg Saint-Cyprien, peuplé de 20.000 habitants, et plusieurs villages bâtis en briques ont été presque entièrement rasés. Près de 7.000 maisons ont été renversées. Des centaines de personnes ont été ensevelies sous leurs décombres. Les pertes matérielles causées par l'immense débâcle ont été évaluées à 85 millions de francs. »

La Garonne a d'ailleurs pris tous les caractères d'un fleuve torrentiel : son débit, qui s'abaisse à l'étiage (basses eaux) à 37 mètres cubes par seconde, s'élève à 10.500 mètres cubes au moment des crues. Son lit est rempli de galets, graviers, sables, limons, qui obligent le courant à se diviser et à divaguer, ici érodant la rive dominante, là envahissant la rive dominée ; partout rendant la navigation de plus en plus difficile. Le désordre de son régime se manifeste jusqu'à son embouchure. D'énormes bancs de sable s'accumulent dans l'estuaire de la Gironde et des travaux considérables ont dû être faits pour préserver le port de Bordeaux de l'envasement ou maintenir ses communications avec la mer.

RÉCIT. — *Les Dunes et les Landes de Gascogne.* *Brémontier. Chambrelent.*

Sur les rivages de notre golfe de Gascogne, la mer rejette d'énormes quantités de sable. D'où vient ce sable ? Un peu de l'érosion des flots sur les fonds sous-marins et sur toutes les falaises de la côte — pour la plus grande partie, des *délaissés* (1) de la Gironde. C'est le dernier produit de l'érosion des montagnes apporté peu à peu par la Garonne et tous ses affluents. Les courants marins viennent mordre ces dépôts sableux et le flot des

(1) *Délaissés* de la Gironde. Se dit de la portion du lit couverte de graviers ou de limons et abandonnée temporairement par le courant des eaux.

marées les épand sur les rivages. Le vent d'ouest s'en empare à son tour et chasse le sable vers l'intérieur des terres où il ne tarde pas à former des monticules allongés qu'on appelle des *dunes*.

Ces dunes sont instables, comme les éléments mobiles dont elles sont constituées. Elles se déplacent peu à peu sous l'effort continu du vent qui soulève incessamment la poussière sableuse pour la transporter plus loin. Vers la fin du siècle dernier, les dunes s'étaient avancées à plus de 5 kilomètres de la côte. Elles recouvraient les cultures, les forêts, barraient les cours d'eau et les forçaient à s'étaler en nappes marécageuses. Ainsi s'était formé entre la Pointe de Grave et Bayonne un désert de 200 kilomètres de long sur une largeur moyenne de 5 kilomètres.

Ce désert s'agrandissait toujours aux dépens des terres riveraines. Déjà plusieurs villages avaient été ensevelis. Déjà le bourg de Testo apparaissait comme menacé de destruction dans un avenir prochain. Déjà on avait pu calculer que dans un nombre de siècles déterminé par la marche annuelle de l'envahissement (20 mètres environ) les sables atteindraient par terre le port de Bordeaux, déjà menacé directement par les apports du fleuve.

En 1787 un grand ingénieur, Brémontier, s'aidant des observations et de quelques essais faits précédemment dans la région, traça et parvint à faire mettre à exécution un programme de travaux en vue de fixer par la végétation forestière les sables envahisseurs. Sur cette arène mobile, là où la nature, réduite à ses seules forces, s'était arrêtée, impuissante, l'intelligence, la volonté opiniâtre d'un homme réussirent.

Par des clayonnages disposés à l'encontre du vent de l'ouest, par des couvertures de branchages que des crochets de bois fixaient au sol, par des semis de plantes herbacées ou semi-ligneuses: le *gourbet*, le *genêt* et l'*ajonc*, on parvint à fixer momentanément les sables et à donner aux jeunes semis de *pin maritime* l'abri et la protection temporaires qui seuls pouvaient leur permettre de se développer.

Le succès dépassa toutes les espérances :

Là où l'on ne voyait ni un arbre, ni un buisson, ni une touffe d'herbe, s'étendent aujourd'hui les ondulations verdoyantes d'une immense *pineraie* (1). Là où la gorge desséchée ne respirait que la poussière sableuse soulevée par le vent, règne maintenant une atmosphère humide, tout imprégnée de parfums de résine. Là où l'homme voyait avec terreur le sable stérile s'avancer chaque jour, menaçant d'ensevelir ses cultures, ses vignes, sa demeure, se trouve pour lui une inépuisable source de profits.

Toute une population est occupée à exploiter, façonner, transporter des bois et surtout extraire de ces pineraies

(1) *Pineraie.* Bois de pins.

de pin maritime cette matière précieuse — la résine — qui sert à la préparation de tant de produits industriels. (1)

Cette transformation de la zone des dunes prépara et provoqua une autre transformation non moins importante. Derrière ces monticules de sable qui s'étendaient tout le long des rivages, s'était formée cette immense zone marécageuse connue sous le nom de *Landes de Gascogne*. Au désert sablonneux et aride du littoral succédait le steppe humide et malsain, presque désert aussi; rien de plus triste que l'aspect de cette vaste plaine

LA CÔTE D'ARGENT.

Les Landes, restaurées par Brémontier et Chambrelent, pays fiévreux et désert, il y a cinquante ans, sont aujourd'hui, grâce au boisement, une des contrées les plus saines et les plus riches de France.

(1) Applications de la résine : couleurs, vernis, savons, bougies, torches de résine, cires à cacheter, goudrons, poix, noir de fumée, graisse végétale ou graisse de résine pour machines, encres d'imprimerie, etc. —calfatage des navires — injection des bois — industrie du dégraissage — préparation de vêtements caoutchoutés et imperméables, — soudure de certains métaux, utilisations médicinales et thérapeutiques, etc.

inculte, en hiver à demi envahie par les eaux, — en été couverte d'ajoncs, de bruyères et de grandes herbes desséchées par le soleil. On l'a représentée souvent avec ses larges et mélancoliques horizons, ses troupeaux de moutons étiolés que des bergers perchés sur de hautes échasses, le teint hâlé, la face amaigrie, promenaient à travers la lande, et çà et là, sur de petites éminences, à l'abri d'un bouquet de pins (pignada), une misérable chaumière ou un pauvre village dont les habitants luttent péniblement contre la misère et la fièvre. — Ici encore l'homme a triomphé de la nature — après avoir vaincu le désert, il a vaincu le marais.

Un homme dont le nom vient à côté de celui de Brémontier, l'ingénieur Chambrelent, entreprit de remettre en valeur ces landes stériles. C'est l'arbre forestier, le pin maritime surtout, qui fut encore l'instrument de régénération.

Mais pour qu'il pût réussir sur ce sol inondé, une grande partie de l'année, il fallait tout d'abord par un vaste réseau de canaux d'assainissement assurer le libre écoulement des eaux stagnantes.

Et pour qu'il pût donner lieu plus tard à des exploitations fructueuses, il fallait des routes de pénétration, des chemins de fer.

En une quinzaine d'années, ce magnifique programme de restauration, qui s'étendait à plus de 600,000 hectares, fut presque complètement réalisé, et à la forêt bienfaisante des dunes, s'ajouta l'immense forêt landaise, plus bienfaisante encore : car si l'invasion des sables faisait reculer l'homme, le chassait de son pays, de son habitation, le marais faisait pis, il le tuait, lui infusait le lent poison de la fièvre.

Or la forêt, complétant les résultats des canaux d'écoulement et d'évacuation des eaux, fit bientôt de cette région l'une des plus saines du globe. Là où un médecin employait autrefois pour soigner sa clientèle 1 kilogramme de sulfate de quinine, 100 grammes lui suffisent aujourd'hui. Là où la vie moyenne de 1853 à 1859 était de 34 ans 9 mois, elle est maintenant d'après les statistiques portant sur le nombre dès décès et l'âge des décédés de 38 *ans 11 mois et 19 jours.* Plus de 4 ans d'existence gagnés par chaque citoyen de la patrie landaise! Et quelle transformation plus merveilleuse encore dans son existence elle-même! Quel prodigieux accroissement d'aisance, de bien-être, de prospérité! La cahute sordide en bois ou en chaume où, pendant l'hiver, l'habitant sans feu grelotte du froid, de la fièvre et parfois de la faim, où toute la famille dévorée par la scrofule, la pellagre, s'entasse dans une promiscuité misérable, est remplacée par des maisons en pierres, propres, saines, confortables, où dans les cheminées, pendant les froides journées, flambe constamment la flamme pétillante du bois résineux.

C'est qu'il vient de l'argent maintenant dans ce pauvre pays!

L'argent semble sortir de terre, et il en sort bien, en effet. Ce sont ces bois de pins qui le produisent, qui le font jaillir du sol et le répandent sur toute la contrée, comme ils répandent leur graine et leur parfum de résine. Ces bois, toute la population est employée à les exploiter, à les façonner, à les transporter sur les routes qui partout sillonnent le pays. On en extrait la résine comme pour les bois des dunes. On les débite en étais de mines, en traverses et chemins de fer: on en fait des poteaux télégraphiques, des pavés de bois, de la pâte à papier. Des chemins de fer les conduisent jusqu'à Bordeaux et de là ils se répandent dans toute la France et à Paris principalement, où ils sont utilisés pour le chauffage des fours des boulangers et pour les pavages en bois; en Angleterre, où ils font concurrence aux bois de Suède et Nor-

vège; en Espagne; sur toutes les côtes de la Méditerranée et jusque dans les deux Amériques. Autrefois cette immense surface de 800.000 hectares comprenant les dunes et les landes de Gascogne était presque sans valeur. Autrefois les landes les plus rapprochées des villages ne trouvaient pas acheteur à 50 ou 60 francs l'hectare. On raconte même que dans les régions les plus désertes, quand on voulait vendre une terre, on conduisait l'acheteur sur une éminence et on lui cédait pour quelques francs toute l'étendue où il pouvait faire entendre sa voix.

Aujourd'hui cette immense surface, plantée presque partout de pins maritimes, exporte ses produits aux quatre coins du monde. Elle aura bientôt une valeur de plus de 1.000 francs l'hectare, soit au total de près d'un milliard de francs. Elle paye aux habitants, sous forme de rentes, de salaires, de profits industriels et commerciaux, un tribut annuel de plus de cinquante millions de francs!

Et tout cela c'est à l'arbre, c'est à la forêt qu'elle le doit!

QUESTIONNAIRE DU LIVRE III.

1° *Quelle est l'action des glaciers et des lacs sur le régime des cours d'eau ?*

2° *Expliquer, sous ce même point de vue, le rôle de la forêt de montagne.*

3° *Quelle est l'utilité des bouquets de bois dans les pâturages ?*

4° *Expliquer comment s'est produite la destruction des forêts et des prés-bois sur les versants montagneux.*

5° *Quelles sont les causes de la dégradation des pâturages? Expliquer les effets de la surcharge de bétail — Id. de l'invasion des plantes nuisibles.*

6° *Qu'est-ce qu'un torrent ? — Comment se forme-t-il? — Quelles sont les conséquences des formations torrentielles dans les vallées de montagnes ?*

7° *Qu'est-ce qu'un fleuve torrentiel? Expliquer le phénomène de l'inondation? — Ses conséquences. Ex.: les inondations de la Garonne en 1875.*

8° *Qu'est ce qu'une dune? — Comment se sont formées les dunes de la Gascogne? — Expliquer par quels travaux on est arrivé à les fixer. — Quel en a été l'initiateur?*

9° *Faire l'historique de la transformation des Landes de Gascogne en une vaste et productive forêt? — Quel en a été l'initiateur? En faire connaître les résultats.*

LES INONDATIONS DE LA LOIRE EN 1856.

Quand des catastrophes de ce genre viennent à se produire, on accuse le fleuve, le Ciel, la Nature. C'est bien souvent l'Homme qu'il faudrait accuser. S'il n'avait pas détruit les bois et les gazons qui tapissaient les montagnes, l'eau des nuées arriverait plus lentement au fleuve et n'entraînerait pas ces graviers, sables et limons qui viennent obstruer son lit, et déterminer ses débordements.

LIVRE IV

LA RESTAURATION DES MONTAGNES

Parmi les fleuves de la France, ce n'est pas seulement la Garonne qui a le tempérament torrentiel. La Loire et le Rhône l'ont à un plus haut degré encore : la Loire tire ses eaux des montagnes imperméables et presque complètement déboisées du Plateau Central et doit à cette double circonstance des crues extrêmement rapides qui, après avoir rongé les berges de tous ses ruisseaux ou rivières tributaires, rassemble tout le long de son lit d'énormes bancs de sable et de limon. — Le Rhône, après s'être assagi et clarifié dans le magnifique bassin du Léman, reprend un flot troublé et tumultueux, dès qu'il a reçu les rivières alimentées par les grands torrents des Alpes et des Cévennes.

Les désastres causés par les crues de ces deux fleuves ne peuvent être que difficilement évalués. D'après Elisée Reclus, la grande inondation de la Loire, en 1856, a emporté des routes et des ouvrages de défense pour une valeur de 172 millions de francs.

Dans la même année, les dégâts furent à peine moindres pour la vallée du Rhône.

LA CORRECTION DES TORRENTS.
ALEXANDRE SURELL.

C'est à ce moment qu'on commença à agiter sérieusement en France la question des moyens à employer pour conjurer dans l'avenir de semblables catastrophes. Dès 1841, un homme de génie, Alexandre Surell, avait nettement indiqué les origines du mal. Ingénieur à Embrun (Hautes-Alpes) il avait été vivement impressionné par le spectacle des versants ravinés et délabrés qui l'entouraient. Ses fonctions l'appelaient à réparer ou prévenir les dégâts des torrents. Il s'irritait d'une tâche ingrate qui consistait à rétablir incessamment et à grands frais des ouvrages, ponts, routes, canaux, digues, etc., que la première averse d'orage condamnait à une nouvelle et inévitable destruction.

Il fut amené ainsi à étudier les caractères particuliers des torrents et à approfondir les causes de leur formation. Lors, il formula les principes suivants :

« *La présence d'une forêt sur un sol empêche la formation des torrents. — La destruction d'une forêt livre le sol en proie aux torrents.* »

Ces trois lignes mériteraient d'être inscrites sur les murs de nos écoles ; qu'elles le soient du moins dans la mémoire des enfants ! Elles expliquaient toute la genèse du fléau des inondations. Car de même que les ruisseaux font les grandes rivières, *ce sont les torrents de montagne qui font les fleuves torrentiels!*

L'origine du fléau étant connue, il fallait trouver la formule de guérison. Surell la donna.

La végétation est le meilleur moyen de défense contre les torrents. Il fallait étouffer, en quelque sorte, chaque torrent sous un fourré épais d'arbres et de gazon. Il fallait constituer à l'entour de son bassin une zone de défense végétale, largement épanouie dans le haut, où elle engloberait les plus petites ramifications du torrent.

Cette zone couverte de bois, de buissons, d'herbes gazonnantes, retiendrait les eaux ruisselantes ou en ralentirait l'écoulement. Des murs de chute ou *barrages* (1), des *clayonnages* (2), des *fascinages* (3) établis dans le fond des ravins, arrêteraient le creusement de ceux-ci, protégeraient leurs berges contre l'affouillement, et permettraient dès lors de les fixer à leur tour par la végétation.

Mais qui pourrait mettre à exécution ce programme, qui solderait la dépense dans des régions où l'habitant lutte si péniblement déjà pour assurer son existence, dans des communes, des départements qui peuvent à peine avec leurs maigres ressources, entretenir les chemins, les édifices publics, et subvenir à toutes leurs charges ? Qui surtout aurait l'autorité nécessaire pour établir ces zones de défense et y interdire l'accès de la charrue et des troupeaux? L'État seul pourrait s'en charger. N'était-il pas intervenu déjà pour refouler l'invasion des dunes de Gascogne ? Ne devait-il pas intervenir avec plus de raison encore pour sauver nos régions montagneuses d'une lente destruction et préserver nos plaines du fléau de l'inondation?

A la suite de la catastrophe de 1856, l'appel de Surell fut entendu. Les lois du 28 juillet 1860 et du 8 juin 1864, sur le reboisement et le regazonnement des montagnes, furent successi-

---

(1) *Barrage*. Mur en pierre sèche ou en maçonnerie établi en travers d'un ravin pour empêcher l'affouillement des eaux, ralentir leur écoulement et retenir les matériaux qu'elles entraînent.

(2) *Clayonnage*. Ouvrage formé de pieux et de branchages entrelacés.

(3) *Fascinage* Ouvrage formé de fascines et de fagots fixés ou retenus par des pieux.

Ces deux derniers ouvrages s'emploient principalement pour fixer ou consolider les *berges* des ravins.

LE BASSIN DE RÉCEPTION DES TORRENTS DE RIOU-CHAMOUX ET DE LA PARE (Basses-Alpes).

Cette vue d'ensemble montre assez les difficultés du problème de la Restauration des montagnes en ruines et de la Correction des torrents dangereux auxquels elles donnent naissance. L'ingénieur Surell a su le dire d'en formuler la solution : « La végétation est le meilleur moyen de défense contre les torrents ».

vement promulguées. Ces lois ont été remplacées depuis par la loi du 4 avril 1882 (1).

Dès 1860, commencèrent les travaux sous la direction de l'Administration forestière et suivant le programme tracé par Surell. On en connaît, dans la plupart de nos régions montagneuses, les résultats. On a pu voir bien des versants autrefois nus et arides se recouvrir peu à peu de végétation. Ce n'était tout d'abord que des taches vertes apparaissant çà et là ; ce sont maintenant de grandes masses sombres, qui se drapent sur les pentes, remplissent les ravins, couvrent les éboulis pierreux.

Des montagnes grises, sans verdure, désertées par les plantes, les insectes, les troupeaux même, paraissant frappées de mort, semblent revivre et s'animer. Les oiseaux chantent dans les fourrés de

LA CORRECTION DES TORRENTS. — LES BARRAGES.

Des barrages en pierre sèche ou en maçonnerie sont établis en travers des ravins pour ralentir l'écroulement des eaux du Torrent, retenir les matériaux charriés par lui, et surtout pour empêcher l'affouillement de ses berges et permettre ainsi de les fixer définitivement par la végétation.

(1) La loi du 4 avril 1882 sur la restauration et la conservation des terrains en montagne autorise l'*expropriation* des terrains dont la restauration aura été déclarée d'utilité publique ; elle permet l'allocation de subventions aux communes, aux associations pastorales, aux fruitières, aux établissements publics et aux particuliers, à raison des travaux entrepris par eux pour l'amélioration, la consolidation du sol et la mise en valeur des pâturages. Enfin elle arme l'Administration du droit de requérir la mise en défens des pâturages, communaux et particuliers dégradés, et d'imposer aux communes la réglementation de leurs pâturages.

jeunes bois et les insectes bourdonnent dans les grandes herbes qui tapissent leurs clairières.

Déjà bien des torrents se sont assagis. Ils ne forment plus ces courants boueux, chargés de pierres et de blocs qui, semblables aux laves des volcans, se précipitaient dans la vallée avec rades en cascades, dans des ravins tapissés de verdure.

SITUATION ACTUELLE DES TRAVAUX.

Mais l'œuvre est loin d'être terminée. Que dis-je? elle est à peine ébauchée. Au 1er janvier

LA CORRECTION DES TORRENTS.
Clayonnages et Fascinages dans le bassin du torrent de Merdarel (Hautes-Alpes).

Dans les *Ruines*, ou sur les berges complétement dénudées, on établit des clayonnages et fascinages et dans leurs intervalles on sème des graines fourragères. Ces travaux fixent le sol et donnent une première végétation que l'on complète ensuite par des plantations d'arbres ou d'arbrisseaux.

un bruit de tonnerre. Bien des villages ont recouvré la sécurité, et « la cloche de l'église ne sonne plus l'alarme quand un nuage noir s'amasse au sommet de la montagne » ! Leurs eaux maintenant ne tarissent plus aussi complètement et même en temps d'orage, dévalent presque claires par-dessus les barrages, de cas-

1900, il n'y avait encore qu'environ 160.000 hectares rendus à la végétation forestière (1).

(1) Savoir : 81.493 hectares dans les terrains acquis ou expropriés par l'Etat.
78.378 — reboisés volontairement par les communes et les particuliers avec le secours des subventions de l'Etat.

C'est peu vis-à-vis des 2 ou 3 millions d'hectares qui forment les bassins supérieurs de nos rivières torrentielles et des 6 à 7 millions d'hectares de terres incultes, landes, pâtis, bruyères, qui, dans toutes nos régions de montagnes, de plateaux, de collines, concourent par leurs

entreprise ! Au résumé, le mal grandit, au lieu de se restreindre, et des mesures nouvelles, plus générales et plus efficaces, sont nécessaires.

Les populations des montagnes doivent concourir, aider à l'application de ces mesures. Elles le

LA CORRECTION DES TORRENTS.

Vue d'ensemble du bassin du torrent de Merdarel et de la Fruitière des Tourrengs (Hautes- Alpes).

Dans toutes les parties stables du bassin on plante des essences résineuses aux feuillures appropriées au sol et à l'altitude. Mais il faut a surer aussi la restauration des pelouses élevées soit par une mise en défens temporaire et quelques travaux — soit par des moyens indirects tels que l'établissement d'une *Fruitière*.

dénudations à leur donner un régime irrégulier. Et cette immense surface continue visiblement à se dégrader. Chaque jour, les dénudations s'étendent, des forêts disparaissent, des ravinements se produisent, de nouveaux torrents se forment ou prennent une allure dangereuse et ainsi compromettent l'œuvre de régénération

doivent, sous peine d'être les premières victimes de la ruine inévitable de leur pays.

NÉCESSITÉ DE L'EXPLOITATION PASTORALE.

En se basant sur la marche actuelle des travaux de reboisement, il faudrait au moins 1.000 années et 1 à 2 milliards de francs pour couvrir de bois l'énorme superficie des terres incultes. Et, d'ailleurs, comment pourrait-on l'interdire aux troupeaux, la soustraire à cette exploitation pastorale qui contribue encore pour une si grande part à la prospérité des régions montagneuses? L'habitant de ces régions ne peut espérer les riches moissons, les récoltes industrielles et maraîchères que la douceur du climat, l'emploi de machines agricoles, l'abondance des engrais, les facilités de communication, la proximité des centres de population assurent au cultivateur des plaines.

Sa culture doit se borner à ouvrir périodiquement ses prés pour leur rendre la fertilité disparue, à produire le grain et les légumes nécessaires à l'alimentation de sa famille et de ses animaux. L'élève du bétail et la vente de ses produits, sous forme de viande, lait, beurre, fromage, laine, peaux, etc., voilà pour lui la formule de l'exploitation. Et pour cela, il lui faut surtout des herbages, du pâturage.

Le pâturage communal lui est particulièrement précieux. Il lui permet d'entretenir gratuitement ses animaux pendant toute la saison d'été, de donner aux terres de son patrimoine particulier les fumures nécessaires.

Faire disparaître le pâturage des régions montagneuses, ne serait-ce pas en chasser l'habitant?

Or, il n'est nullement nécessaire de rendre aux forêts le domaine si étendu qu'elles occupaient dans ces régions avant l'arrivée de l'homme.

De même que le grand arbre, bien qu'à un moindre degré, la touffe d'herbe fixe le sol, retient les eaux, les divise. Le sol tapissé de pelouses et de prairies résiste très bien encore à l'érosion.

Il suffira donc sur bien des points d'assurer la restauration de ce tapis herbacé si précieux pour l'habitant.

L'AMÉNAGEMENT PASTORAL.

Et d'abord, pourquoi les pâturages de montagnes et surtout les pâturages communaux se dégradent-ils? C'est parce qu'on les surcharge

de bestiaux, et surtout, parce qu'on ne fait rien pour les entretenir en bon état.

Tout pâturage surchargé se dégazonne et se dégrade.

Il faut donc proportionner le bétail à la surface et à la fertilité du pâturage (1).

Tout pâturage non entretenu se dégrade: la maison privée de réparations tombe en ruines. La prairie la plus riche ne donne plus que des herbages sans valeur, si l'on ne vient pas périodiquement par la culture ou par des engrais, régénérer sa flore fourragère. Comment le pâturage de montagne, soumis à tant de causes de dégradations, échapperait-il à cette nécessité de l'entretien? *Il faut donc que le pâturage soit périodiquement entretenu par des travaux ou tout au moins par des mises en défens partielles et temporaires, permettant aux gazons de se reconstituer.* Enfin, le domaine agricole le plus misérable a sa grange, son étable, ses chemins de desserte, parfois ses canaux d'irrigation ou de drainage. La forêt productive a également ses lignes de division, ses chemins de desserte, ses maisons forestières, ses pépinières.

Toute exploitation pastorale, pour être productive, demande également à être bien organisée, bien outillée.

Ces trois principes constituent les bases de *l'aménagement pastoral,* plus nécessaire encore aux pâturages de montagne et surtout aux pâturages collectifs que l'aménagement forestier n'est utile à la conservation des forêts.

En pratique, l'aménagement d'un pâturage communal doit comprendre essentiellement :

1° Un *Règlement* fixant les périodes de parcours — le nombre maximum de bêtes à introduire par chaque usager — et la taxe à payer par tête de bétail.

2° Un *plan cultural* divisant le pâturage en un certain nombre de parcelles qui seront soumises, successivement et périodiquement, à une *mise en défens temporaire* et si possible à des travaux (épierrement, extraction des plantes nuisibles, semis de graines fourragères, épandage d'engrais, clôtures, etc.) destinés à assurer la régénération ou l'entretien des pelouses; — indiquant aussi les ressources applicables à ces travaux (taxes ou journées de prestation).

3° Un *plan d'organisation générale* contenant le programme des travaux d'ensemble à exécuter suivant les ressources : chemins d'accès, abreuvoirs, baraques de bergers, étables-abri.

(1) C'est ce que l'on peut appeler : respecter la *possibilité* du Pâturage.

fruitières, canaux d'irrigation ou de drainage, abris boisés, travaux de défense contre les avalanches, les ravinements, etc.

Le décret du 30 décembre 1897 créant au ministère de l'Agriculture le service des *Améliorations pastorales*, permet aux Communes de demander le concours d'agents techniques pour l'étude d'aménagements pastoraux et des subventions pour l'exécution des travaux.

LES TROUPEAUX.

LES MOUTONS TRANSHUMANTS.

Ces principes ne sont malheureusement que très rarement mis en application dans nos régions montagneuses françaises, où le pâturage communal occupe une si grande place. D'im-

LA HALTE D'UN TROUPEAU TRANSHUMANT SUR LE CHAMP DE FOIRE D'EMBRUN
(Hautes-Alpes).

Après avoir brouté pendant tout l'hiver les maigres herbages de la Crau, de la Camargue ou des coteaux arides de la Provence, les troupeaux transhumants vont, en été, dévorer les gazons des montagnes. Ils ont contribué beaucoup à la ruine des Alpes.

menses surfaces sont laissées à l'abandon et livrées au pillage de tous. Chaque habitant y conduit tout le bétail qu'il possède, voire celui qu'il ne possède pas et qu'il loue ou qu'il achète pour la saison d'été. Des spéculateurs de bestiaux peuvent ainsi impunément ruiner la montagne aux dépens des petits propriétaires, dont le modeste troupeau est affamé par l'invasion de ce bétail étranger.

Les communes elles-mêmes participent à cette invasion. Pour se créer des ressources, elles afferment des montagnes entières à des

bergers transhumants de la plaine voisine et restreignent ainsi d'une façon très fâcheuse les profits des habitants. Que rapportent ces troupeaux étrangers? 50 centimes à 1 franc par tête à laine. C'est le prix de location pendant la saison d'été. Quel profit peut donner à l'habitant pendant la même saison le mouton élevé sur place? 3 à 7 francs. Déjà Surell avait tiré cette conséquence très claire : « *Si les habitants, au lieu d'attirer les bergers étrangers, élevaient des moutons à leur propre compte, ils auraient au moins les mêmes bénéfices avec des troupeaux cinq fois moins nombreux* ».

Un pâturage couvert d'un bon gazon, dru, complet, bien composé sur toute son étendue, permet d'entretenir grassement pendant toute la saison d'été 10 moutons par hectare.

Dans la plupart de nos montagnes communales, en partie dénudées, en partie envahies par les mauvaises herbes et les buissons, on ne compte guère en moyenne que 2 moutons par hectare.

D'où encore cette conclusion: *Si l'on prenait soin d'entretenir par des travaux périodiquement renouvelés les pelouses communales, il suffirait, pour alimenter le même nombre d'animaux, d'une surface 5 fois plus petite.*

LE GROS BÉTAIL.

Ce n'est pas tout. Si, sous l'influence des fumures, des canaux d'irrigation, des bouquets ou rideaux boisés répandant autour d'eux la fraîcheur de leurs ombrages, la pelouse peut pendant tout l'été se maintenir fraîche et vivante, comme il arrive dans beaucoup de montagnes de Suisse, de Franche-Comté et de Savoie, on peut dans l'exploitation du pâturage substituer au menu bétail l'espèce bovine. Énorme progrès pour la montagne !

Le gros bétail ne peut aller partout. Il n'ose aborder les pentes trop rapides. Il dépérit

Voilà pourquoi le gros bétail ne peut jamais occasionner dans la montagne de graves dégâts.

LE MOUTON.

Le troupeau de moutons, au contraire, va partout où il y a une touffe végétale, fût-elle complètement desséchée; il recherche même les

UN PATURAGE EN SAVOIE.

La vache fait la montagne prospère, moutons et chèvres bien souvent la ruinent. (Produit annuel en région de montagne : mouton, 5 francs ; brebis laitière, 10 francs ; chèvre, 12 francs ; vache, sans organisation de l'industrie laitière, 50 à 100 francs ; avec organisation, 150 à 200 francs).

rapidement sur les pelouses sèches et maigres. Il exige un gros prix d'achat et un approvisionnement de fourrages important pour la saison d'hiver.

Tout cela concourt à l'exclure des pelouses dégradées et à en limiter le nombre suivant l'état et la fertilité de la montagne, et aussi, suivant les ressources des habitants.

ruines, les pentes dénudées, ravinées, brûlées par le soleil. Comme il est peu exigeant et peu coûteux à élever, il semble qu'on puisse le multiplier indéfiniment. Il supporte bien la fatigue, le froid, la soif et la faim. On peut donc le faire venir de loin, sans trop de frais, et le faire vivre tant bien que mal sur le sable aride des déserts, sur les plateaux caillouteux, jusque sur ces pentes pierreuses qui avoisinent les neiges éternelles et où la végétation a tant de peine à s'installer pendant la courte saison estivale.

Quand il se rend au pâturage, il marche en rangs serrés et ce piétinement concentré dénude et dégrade le sol Arrivé sur la pelouse, il s'étend en lignes de front comme une armée en bataille, et aucune partie du pâturage n'échappe à son et de jeunes pousses. Le mouton détruit les gazons, la chèvre s'attaque surtout au buisson, à l'arbre, c'est-à-dire aux deux organes qui, seuls. peuvent fixer, consolider les pentes escarpées et maintenir la fraicheur et la fertilité des herbages.

Son agilité lui permet d'aller détruire la végétation qui cimente, tapisse les rochers.

LE BERGER DES PYRÉNÉES (Rosa Bonheur).
Triste auteur de sa propre ruine. — Les moutons semblent lui réclamer l'herbe absente. On voit les restes des arbres brûlés par le dernier incendie
que, dans son inconscience, il a lui-même allumé.

atteinte. Voilà pourquoi le mouton est un si terrible ennemi pour la montagne. On a dit de lui qu'il faisait le désert derrière lui. Avec plus de raison encore, on pourrait dire que dans la montagne il *fait la ruine et le torrent.*

LA CHÈVRE.

La chèvre aussi est un terrible ennemi. Elle se nourrit d'herbes, mais aussi de bourgeons

fixe les éboulis. Là où la forêt serait indispensable pour consolider la montagne, la chèvre broute un à un les jeunes plants qui doivent remplacer les grands arbres, et la forêt protectrice est condamnée à disparaître.

Voilà pourquoi les montagnes livrées aux moutons et aux chèvres sont presque toujours effroyablement dégradées. Voilà pourquoi les pays d'Orient, l'Asie Mineure, la Perse, la Mésopotamie, la Syrie, la Grèce, la Sicile, la côte africaine, l'Espagne, nos montagnes provençales, presque tous les rivages de la Méditerranée, livrés depuis des siècles aux pasteurs nomades et à leurs troupeaux, ont perdu peu à peu leur verdure et leurs eaux courantes, et avec elles, leur prospérité d'autrefois !

Voilà pourquoi il serait si utile de provoquer, partout où cela est possible, la substitution du gros au menu bétail dans l'exploitation pastorale des montagnes.

Ce serait grand profit aussi pour l'habitant.

On a cherché à déterminer le produit moyen annuel des diverses catégories d'animaux dans les régions montagneuses et on est arrivé aux résultats suivants :

Le mouton, 5 fr.; la brebis laitière, 10 fr. ; la chèvre, 12 à 15 fr.; la vache sans organisation de l'industrie laitière, 50 à 100 fr. ; la vache avec organisation de l'industrie laitière, 150 à 200 francs. Ainsi, avec une bonne organisation pastorale et laitière, une seule vache peut donner autant de produit que 40 moutons, 20 brebis ou 15 chèvres !

La vache laitière fait la montagne prospère. La chèvre ou le mouton la ruine.

L'INDUSTRIE LAITIÈRE.

Déjà le grand ingénieur Surell avait fait ressortir quels importants résultats, au point de vue de l'œuvre de la restauration des montagnes, pourraient donner la transformation, le perfectionnement de l'industrie pastorale.

Dès 1866, sur l'initiative de M. Calvet, alors garde général des forêts dans la région pyrénéenne, l'administration forestière mit en application cette idée, et depuis des *fruitières* (1) pour la fabrication du fromage et du beurre

LA FRUITIÈRE-ÉCOLE.

Les fruitières où l'on rassemble tout le lait d'un village pour le transformer en beurre ou en fromage contribuent beaucoup à la prospérité d'une région. — Ainsi on a calculé qu'une vache dont le produit annuel dans les régions montagneuses ne rend pas plus de 50 à 100 francs si l'industrie laitière n'y est pas organisée, peut donner par l'installation de fruitières un produit de 150 à 200 francs.

ont été installées dans les régions des Pyrénées et des Alpes françaises.

(1) *Fruitière :* Établissement dans lequel on réunit le lait d'un groupe de cultivateurs, d'un hameau, d'une commune, et même de toute une région, pour le transformer en beurre, fromage, ou autres produits de l'industrie laitière. Tantôt ces fournisseurs de lait forment une *Association coopérative* gérée par une Commission qu'ils élisent eux-mêmes; tantôt ils font marché avec un *Fruitier* ou *Laitier* qui leur paye le lait à un prix déterminé et fabrique à ses risques et périls.— Dans les deux cas, les cultivateurs bénéficient des avantages d'une fabrication et d'une vente faites en *commun*.

Les installations de Fruitières peuvent bénéficier d'une subvention de l'État, en application de l'art. 5 de la loi du 4 avril 1882 sur la restauration des montagnes.

LE DÉVELOPPEMENT ÉCONOMIQUE DES MONTAGNES.

CONSÉQUENCES D'UNE MEILLEURE EXPLOITATION PASTORALE.

Ainsi l'aménagement pastoral, l'entretien rationnel et périodique des pelouses, le développement de l'industrie laitière peuvent permettre aux habitants de réduire peu à peu l'importance des troupeaux de menu bétail, et en même temps de recueillir, sur une surface de pâturages relativement restreinte, des profits beaucoup plus importants que ceux obtenus sur les immenses surfaces parcourues et dévastées aujourd'hui.

Cela étant, on pourra rendre à la végétation forestière une grande partie de ces terrains. Les crêtes rocheuses, les pentes rapides, les berges des ravins, les landes buissonneuses, se couvriront de bois de futaies, et en même temps que la montagne se consolidera et s'embellira, une nouvelle source de richesses apparaîtra pour l'habitant.

LE DÉVELOPPEMENT DE LA RICHESSE FORESTIÈRE.

J'ai indiqué le produit que peut donner dans la montagne un mouton, une brebis, une chèvre, une vache. Mais il faut que l'on sache que *bien souvent l'arbre utilise beaucoup mieux le sol que les animaux*. Il n'est pas rare de voir dans la montagne un arbre résineux acquérir en un siècle une valeur de 50 francs. Cela fait un produit de cinquante centimes par année. S'il y en a 200 sur 1 hectare, c'est un rapport de 100 francs par hectare et par an.

Autrefois, le bois avait peu de valeur dans les régions montagneuses. Sur les hauts plateaux du Jura, il y a seulement un siècle, un gros sapin de 2 mètres de tour se vendait pour un écu de 5 francs. Il vaut 100 francs aujourd'hui. Dans cette région fortunée on voit, dans les ventes, des sapins de 3 m. 60 à 4 mètres de tour atteindre le prix *de* **500** *et* **1.000** *francs* pour un seul pied d'arbre. Autrefois on les eut laissés sur pied, faute de trouver un acquéreur.

Certains cantons de ces sapinières ont une valeur de 15.000 et 30.000 à l'hectare qui ne valaient pas 500 francs il y a cent ans. D'où vient ce changement? Des routes se sont établies. Des scieries se sont construites. La population, les industries se sont développées. Puis, avec l'établissement des voies ferrées, est venue la grande pénétration commerciale qui jusqu'au fond des vallées les plus reculées va drainer aujourd'hui les produits forestiers en y laissant un large sillon d'or.

Toutes les régions montagneuses sont appelées à voir tôt ou tard des transformations semblables.

L'INVASION DES MONTAGNES PAR L'INDUSTRIE. — HOUILLE NOIRE, HOUILLE VERTE ET HOUILLE BLANCHE (1).

Une double évolution qui se dessine actuellement dans ces régions va encore favoriser et accélérer leur développement économique.

On a vu que, dans les temps passés, les forêts avaient exercé une sorte d'attraction sur l'industrie des plaines. À l'entour des massifs boisés, les usines de tout genre se groupaient, ainsi que dans le désert la verdure à l'entour des sources. Puis la mine de *houille noire* est venue détrôner les carrières de *houille verte*, et les populations industrielles se sont entassées à l'entour de ces gisements souterrains de carbone, constitués déjà par la végétation dans les âges préhistoriques. Aujourd'hui l'industrie épuisée, meurtrie dans la lutte que lui impose la concurrence mondiale, tourne ses espérances, ses efforts vers la montagne. Là se trouve, dans les glaciers, dans les lacs, dans les eaux abondantes que les pentes ombreuses laissent écouler peu à peu en chutes

(1) On sait ce qu'est la *houille noire*. — Par analogie, on peut appeler *houille verte* le carbone végétal accumulé par les forêts, et qui, avant la découverte des mines de charbon minéral, était utilisé comme combustible dans un grand nombre d'industries. — Par analogie encore, on a heureusement désigné sous le nom de *houille blanche*, les glaciers et eaux des montagnes qui tendent aujourd'hui à se substituer à la houille noire pour la production de la force nécessaire aux industries.

puissantes, une réserve presque inépuisable
de force hydraulique. Cette force produite par
de francs soient distribués en salaires pour l'extraction d'un combustible dont il faut sans cesse

LA FORET DES FANGES (Aude).

Nos montagnes des Pyrénées étaient couvertes autrefois de magnifiques forêts de sapins d'où l'on tirait une partie des bois nécessaires à notre Marine. — Ces forêts sont bien réduites aujourd'hui. Mais il en subsiste encore produisant de très gros arbres qui, comme ceux de nos belles sapinières des montagnes du Jura ou des Vosges, sont pour la région un élément important de richesse et de prospérité.

la *houille blanche*, pour être utilisée, adaptée aux
moteurs industriels, n'exige pas que des millions
renouveler les provisions, ni que des millions
d'hommes consument et exposent leur vie dans

un labeur pénible à 500 mètres sous terre. — Triste obligation imposée par nos sociétés à ces bûcherons de la forêt morte ! Cette force immense,

les travaux destinés à la mettre en œuvre peuvent s'amortir par son emploi même.

Depuis longtemps le montagnard connaissait le secret de la force hydraulique. Depuis longtemps, il utilisait le petit ruisseau, la petite cascade riveraine de son champ pour faire tourner la roue de son moulin, élever et abaisser tour à tour la scie qui débitait les planches et charpentes destinées à la construction ou à la réparation de sa demeure, actionner les filatures qui tissaient la laine de ses troupeaux. Mais, jusqu'ici, on n'avait pas songé, dans ces pays éloignés et isolés des grandes agglomérations humaines, à réunir tous ces ruisseaux, à rassembler toutes les eaux d'un vaste bassin montagneux derrière un gigantesque barrage, à les dériver par des canaux établis à grands frais, tantôt à ciel ouvert, tantôt en souterrain sur les pentes les plus escarpées, pour les conduire jusqu'à un promontoire d'où elles puissent se déverser en des chutes de 100, 200, 500 mètres de

LA GORGE D'ESCOULOUBRE-LES-BAINS (Aude).

C'est la haute vallée de l'Aude. Elle recueille les eaux d'un vaste bassin encore boisé et les précipite dans le défilé de St-Georges. Là, une chute de 100 mètres de hauteur permet à une usine électrique de distribuer force et lumière dans le département de l'Aude.

qui s'emmagasine dans les vallées derrière les assises rocheuses de la montagne, est au contraire gratuite, elle se renouvelle incessamment et les dépenses importantes que nécessitent

hauteur, — d'associer, de réunir enfin tous les filets d'eau épars dans la montagne en une seule masse liquide et toutes les cascadelles en une chute unique, de manière à produire une

LA MONTAGNE DE LA MEIGE ET LE BOURG DE LA GRAVE (Hautes-Alpes).

Les vastes glaciers du massif de la *Meige* approvisionnent d'eau et de force hydraulique les nombreuses usines et villages (papeteries, fabriques de produits chimiques, etc.), qui se suivent dans l'étroite et pittoresque gorge de la Romanche (Isère). Mais ses pentes inférieures, déboisées et ravinées, concourent aussi à rendre les eaux de cette rivière fort dangereuses. — *Le glacier était la richesse de cette vallée.* — *Le torrent en sera peut-être la ruine.*

force énorme susceptible de faire marcher les innombrables rouages d'une grande industrie.

Le développement des voies de communication, et plus encore, les découvertes successives faites par la science en vue de transformer la force en un courant électrique, et de la transporter au loin par l'intermédiaire de câbles aériens, facilitèrent l'évolution de l'industrie vers les régions montagneuses, et déjà leurs vallées se peuplent d'usines fabriquant sur place ou faisant rayonner au loin dans les plaines voisines les éléments inutilisés de la force conquise.

Ce développement industriel dans les vallées de montagne serait encore bien plus rapide, si les cours d'eau qui dévalent des versants n'avaient, par suite de la destruction des pelouses et des forêts,pris ce caractère torrentiel qui les rend souvent impropres à toute utilisation et dangereux pour les installations riveraines. Il serait bien plus fécond aussi, et bien plus *harmonique* aux besoins locaux, si l'on trouvait dans ces régions mêmes la quantité suffisante de matières premières susceptibles de transformation industrielle. Or, les deux productions essentielles de la montagne étant le bois et l'herbe, ce sont elles qui devraient avant tout bénéficier de la mise en œuvre des forces hydrauliques. Importantes scieries, papeteries à la pâte de bois, fromageries, beurreries et autres applications de l'industrie laitière, devraient pouvoir utiliser la majeure partie de ces forces.

Malheureusement, dans la plupart de nos vallées des Alpes et des Pyrénées, les forêts existantes suffisent à peine à approvisionner de petites scieries pauvrement installées et outillées, 'et l'on ne peut se défendre d'un sentiment d'étonnement et de tristesse en voyant des wagons chargés de planches de sapin du Nord ou de pitch-pin d'Amérique remonter les rampes de leurs voies ferrées ! Ce n'est pas sans étonnement aussi, que l'on peut y voir parfois beurres et fromages arriver de la plaine voisine, tandis que dans la montagne dénudée ou privée de toute organisa-

tion pastorale, les troupeaux produisent à peine le lait nécessaire à l'alimentation des habitants et des jeunes animaux.

Une semblable situation ne saurait se maintenir et le moment est venu pour les habitants des montagnes d'assurer, par la reconstitution de leurs pelouses et forêts, et par une bonne organisation pastorale, les profits importants que les réserves de force hydraulique produite par leurs cours d'eau permettent de réaliser.

L'INVASION DES TOURISTES.

Une autre invasion se produit actuellement dans la montagne, c'est l'invasion des touristes, des habitants des villes qui viennent chaque été y chercher l'air pur, le repos, la santé, la vue des beaux sites. Autrefois la montagne était dédaignée par eux. Elle était le pays des affreux rochers, des précipices, des eaux assourdissantes, des forêts sauvages, le pays des neiges, du froid et des violents orages. On ne l'abordait qu'avec un sentiment de crainte, d'angoisse. On se sentait comme oppressé, étouffé entre ces versants verts, ces murailles rocheuses qui bornent la vue des vallées. On n'aimait alors que les riantes campagnes cultivées, leurs moissons et leurs prés fleuris, les cours d'eau paresseux et limpides, les collines parées de pampres et de fruitiers en fleurs, les clairs ombrages peuplés d'oiseaux, les longues perspectives des routes à travers les forêts majestueuses, enfin les larges horizons de la plaine ensoleillée où l'œil s'égare à l'infini et où l'on sent toute la joie de vivre sous son atmosphère constamment tiède et sereine.

C'est l'écrivain philosophe, Jean-Jacques Rousseau, vers la fin du XVIIIe siècle, et après lui, toute une pléiade de littérateurs et de poètes formés à son école, qui en France ont éveillé peu à peu le goût du public pour la montagne, son admiration pour les tableaux, tour à tour gracieux, imposants ou sauvages, qu'elle offre à chaque pas au regard du voyageur.

Puis, vers le milieu du siècle dernier, la construction des voies ferrées est venue développer le goût des voyages. On les dirigea tout d'abord vers les plages où l'air salubre de la mer, le plaisir qu'elle donne aux baigneurs, et surtout la curiosité et l'admiration qu'inspirent ses grands spectacles, si souvent célébrés, attiraient dès l'abord les voyageurs, — puis vers fleuries entrecoupées de bois où paissent de grands troupeaux de vaches. Les Suisses d'ailleurs avaient su de bonne heure comprendre tout le profit qui devait résulter pour eux de cette affluence de visiteurs. Ils s'étaient in-

CASCADE DE FONTCOUVERTE. — Vallée de la Clarée (Hautes-Alpes)

De beaux bois de mélèze forment à l'entour de cette cascade un ravissant décor.   Il faut conserver avec un soin jaloux les arbres qui ornent et embellissent ces sites naturels. Une loi récemment votée permet d'assurer cette protection. (1).

cette Suisse, qui la première avait su intéresser les écrivains, les littérateurs, les savants au spectacle de ses lacs, de ses glaciers, de ses sommets neigeux, comme aux tableaux gracieux de ses chalets rustiques et de ses pelouses géniés à leur procurer tout le confort et l'agrément qu'ils recherchent. Ils avaient multiplié

(1) C'est la loi du 24 avril 1906 organisant la protection des sites et monuments naturels de caractère artistique. L'initiateur de cette loi est M. Ch. Beauquier, député du Doubs, président de la Société pour la protection des Paysages et vice-président du Comité des Sites et Monuments pittoresques du Touring-Club.

les moyens de communication, chemins de fer, tramways, bateaux à vapeur, routes, sentiers, créé partout des hôtels, organisé des appartements, construit des villas, formé des guides, fait connaître et rendu accessibles leurs sites les plus remarquables. Ils s'étaient efforcés aussi et s'efforcent toujours de faire respecter leurs sites, de défendre et de protéger leurs montagnes par de bonnes législations ou des règlements strictement appliqués. Ces efforts n'ont point été vains. Aujourd'hui la Suisse, avec les quatre cinquièmes de son sol impropre à la culture, est un des pays les plus riches et les plus prospères qui existent sur la terre. C'est à plus d'un million que l'on estime le nombre de voyageurs qui, en été, viennent le visiter, et à plus de deux cents millions de francs la valeur de la gerbe d'or que ses habitants moissonnent chaque année en offrant simplement aux étrangers le spectacle de leurs montagnes. — Gerbe infiniment précieuse, qui se renouvellera tant que le pays gardera sa beauté, la parure que lui donnent les pelouses, les bois, les eaux limpides de ses lacs et de ses cascades, les neiges de ses sommets.

Mais les plages du bord de la mer, les stations de villégiature établies en Suisse ne suffisent plus maintenant à contenir le flot des voyageurs de plus en plus nombreux qui chaque été se pressent aux embarcadères des grandes villes; puis le Touring-Club de France est venu mener son ardente campagne en faveur des beautés naturelles de notre pays, et c'est maintenant vers nos sites de France, vers nos montagnes de Savoie, du Dauphiné, du Briançonnais, du Massif central, des Pyrénées, du Jura et des Vosges que se dirigent les touristes.

RÉCIT. — *Paris en vacances.*

Paris, dès que le gai soleil a fait fleurir les thyrses blancs des marronniers, qui ombragent ses grandes avenues, dès qu'apparaissent dans ses parcs et ses squares la belle verdure des pelouses et la parure éclatante des corbeilles de tulipes, jacinthes, primevères, myosotis, — les fleurs du printemps, — dès que la feuillée naissante projette son ombre légère sur les allées de sable soigneusement ratissées, où s'ébattent à la fois les enfants aux robes claires et les moineaux piaillleurs, —

Paris commence à avoir la nostalgie de la campagne et des grands espaces verts et ensoleillés. — Chaque dimanche les trains bondés de voyageurs emportent vers la banlieue une foule avide de respirer les parfums printaniers, l'air des champs et des bois. Puis vient la saison chaude; les ombrages des avenues se flétrissent; les rues s'emplissent de poussière, l'atmosphère est étouffante et viciée entre ces longues rangées de murs blancs qui renvoient le soleil et emprisonnent l'air. Alors c'est la fièvre du départ, du voyage lointain qui s'empare de la population parisienne. Les enfants s'agitent dans les écoles, les grandes personnes supportent impatiemment leur labeur quotidien, tous, travailleurs ou oisifs, se sentent fatigués, épuisés, par le surmenage cérébral ou physique, par cette existence agitée que leur imposent le travail ou le plaisir. Alors on commence à voir dans toutes les rues des voitures chargées de malles se diriger vers les gares; puis l'activité et la circulation, même dans les quartiers populeux, se ralentissent étage par étage les fenêtres des maisons se ferment et montrent pendant de longues semaines leurs persiennes constamment closes. Un grand nombre de rues, avenues deviennent presque désertes. Paris prend ses vacances.

Heureuses alors les montagnes qui ont su conserver des pelouses et des bois, des sources et des cascades limpides, des sites naturels inviolés. Heureuses aussi celles qui ont su s'organiser, s'aménager pour recevoir convenablement et hospitaliser ce monde de citadins qui en échange leur apportent une bourse bien garnie, voire même leurs modestes économies ! C'est vers elles que l'on se dirigera de préférence. Ce sont elles qui bénéficieront à leur tour de ce superflu de bien-être ou de cette épargne patiemment amassée pendant la mauvaise saison dans ces fourmilières des grandes cités!

CLUB ALPIN ET TOURING-CLUB.

De grandes associations se sont formées en France, pour faciliter ce mouvement d'émigration des villes vers les campagnes pendant les mois de l'été. Ce fut d'abord le Club Alpin fondé par Cézanne en 1874. Jaloux des lauriers remportés par les alpinistes étrangers dans l'exploration des montagnes et dans la conquête des hautes cimes, se souvenant aussi que le plus haut sommet de l'Europe, le mont Blanc (4.810 mètres), appartenait à la France et par droit historique et par droit de conquête, le premier piolet planté sur sa cime ayant été celui du guide savoyard Jacques Balmat, — le Club Alpin sut lancer toute une pléiade de jeunes et hardis explorateurs à l'assaut

LE SAUT DU DOUBS.

Un beau site est souvent la fortune d'un pays.

de nos grands sommets des Alpes et Pyrénées et à la découverte des glaciers et sites grandioses, jusque-là inconnus, que recèlent leurs hautes vallées. Des compagnies de guides furent formées, quelques gîtes ou refuges créés, et peu à peu la pénétration du touriste se fit jusqu'au cœur des grands massifs.

Le Touring-Club fit plus et mieux en généralisant l'œuvre du Club Alpin, en l'adaptant à toutes les contrées de la France, en ouvrant et améliorant les routes, les modes de transport, les hôtels, en dressant l'inventaire général de tous ses sites et monuments pittoresques, en propageant dans tous les centres urbains le goût des voyages, en éduquant jeunes et vieux dans la pratique des nouveaux modes de locomotion : bicyclette, motocycle, automobile, canot automobile, que les découvertes nouvelles mettaient à leur disposition.

Vous vous souviendrez, enfants, du nom de cette association bienfaisante qui, en moins de 16 ans, a su grouper plus de cent mille adhérents. C'est elle qui m'a inspiré ce petit livre en vue de vous faire aimer et respecter les arbres, les bois et les gazons des pelouses pastorales, de vous montrer combien ils sont bienfaisants à l'homme des campagnes, et notamment comment ils peuvent attirer, dériver vers lui une part de cette richesse que le commerce et l'industrie accumulent dans les villes.

LES RUINES DE TIMGAD (Algérie).

Vers 1875, l'emplacement de Timgad était un désert. Des fouilles, commencées en 1880, firent découvrir sous le sable toute une grande ville fondée à l'époque romaine. Dans cette région, où quelques moutons et chèvres peuvent à peine vivre aujourd'hui, il y avait donc autrefois des cultures, des arbres, des eaux courantes ? — En détruisant les forêts qui couvraient les montagnes de l'Aurès, l'homme en a tari les sources et préparé l'invasion des sables.

LIVRE V

RÉSUMÉ GÉNÉRAL ET APPLICATIONS PRATIQUES

LA LOI DE SOLIDARITÉ MONDIALE.

J'espère que de ce petit livre il résultera pour vous, jeunes lecteurs, cette impression générale: que les phénomènes naturels ont entre eux des relations très étroites et que tout trouble apporté à la manifestation normale et régulière de l'un d'eux se répercute sur les autres et a, par suite, pour résultat de compromettre l'harmonie générale qui doit régner à la surface de notre terre. La régularité du climat, celle du régime des pluies, du débit des sources, du régime des cours d'eau, peuvent être gravement influencées par la destruction des forêts. — Bois et pelouses de montagnes sont également solidaires et la destruction des uns entraîne la dénudation et le ravinement des autres. La ruine des montagnes appelle à son tour la dévastation et la ruine des plaines. L'homme enfin est solidaire de ces transformations. Il en est la victime. Ses cultures, son bien-être, sa santé, son existence même sont compromis ou menacés par elles.

— Chateaubriand a dit : « *Les forêts précèdent les peuples. Les déserts les suivent.* »

On trouve partout dans le monde la vérification de cette parole. Pourquoi tant de civilisations disparues ? tant de pays autrefois richement peuplés et aujourd'hui déserts ? — Le fléau de la guerre peut passer, accumuler les ruines, détruire les récoltes. Si le sol a conservé des éléments de vie et de richesse, de nouvelles cités surgiront pour remplacer les cités détruites.

Mais que peut devenir l'homme, si le sol a été ruiné, stérilisé par ses abus d'exploitation, par sa négligence à observer ce grand principe de l'*Aménagement des richesses naturelles* qui seul peut assurer la constance de leurs productions ? Privé peu à peu de tout ce qui concourt à l'entretien de sa vie, de tout ce qui lui donnait le bien-être ou la sécurité, il n'a plus qu'à abandonner la région devenue inhospitalière et à chercher sous d'autres cieux de nouveaux moyens d'existence.

Or, c'est là, jeunes enfants, l'histoire abrégée de bien des contrées de la terre et l'homme qui, comme l'a dit Surell, devait y exercer une souveraineté bienfaisante, assurant autour de lui l'ordre et l'harmonie — n'en a été trop souvent que le conquérant malfaisant et dévastateur !

Sans aller au loin dans les vastes plaines ou plateaux de l'Asie, de la Chine et de la Mongolie, du Turkestan, de la Perse, des Grandes Indes, de l'Asie Mineure, de la Syrie et de la Palestine — sans aller, plus près de nous, dans l'Afrique du Nord, vous chercher les noms de cités enfouies sous le sable des déserts ou sous le limon d'un fleuve torrentiel, — il me suffira d'éveiller votre attention sur les transformations qui se sont accomplies — tout autour de nous — dans notre pays de France.

NOS MONTAGNES.
FORMULE DE RESTAURATION.

Nous avons, nous aussi, dans nos Alpes, dans nos Pyrénées, dans nos Cévennes, et dans nos autres régions de montagnes et de collines, bien des versants dépouillés de leurs bois, de leurs pelouses, et parfois déchirés par les ravins. — Nous avons des torrents, des fleuves torrentiels — et des villages et des grandes villes menacés !

Est-il digne d'un peuple civilisé, réputé par son génie d'entreprise, et son esprit de solidarité de rester indifférent devant le danger qui menace certaines régions de son territoire ? — alors surtout que la formule de guérison est si simple :

« *Reboiser certains versants — Mettre en dé-*
« *fens quelques autres — Améliorer les conditions*
« *d'une exploitation pastorale qui actuellement*
« *provoque la ruine des montagnes, en même*
« *temps qu'elle engendre la misère de leurs habi-*
« *tants. — Moyennant quoi, la nature se chargera*
« *d'achever l'œuvre de restauration.* »

NOS DÉSERTS.

Nous avons, nous aussi, nos déserts : ces grands plateaux des *Causses* où sur le large horizon on ne voit ni un arbre, ni une touffe d'herbes émerger des pierres de la surface, — où la population ne dépasse pas 10 habitants par kilomètre carré. — cette région des Causses que tout récemment un de nos écrivains, M. P. Leroy-Beaulieu comparait aux plateaux rocheux du *Sahara* ! — Et combien de déserts plus petits sur nos plateaux calcaires de la Franche-Comté, de la Côte-d'Or, du pays de Langres, de la Champagne et de la Lorraine, du Berry, de la Dordogne, des Alpes dauphinoises et provençales ! — offrant de semblables aspects arides et dénudés !

LA RESTAURATION
DES PLATEAUX CALCAIRES.

Or, ces déserts avaient autrefois des bois, des pelouses. Çà et là, il en subsiste encore quelques lambeaux. Ils avaient parfois aussi des cultures. Des clapiers, des vestiges de murs en rappellent l'existence.

Maintenant ils ne sont plus que maigres

LE RÔLE DE L'ARBRE DANS LA MONTAGNE.   La Vallée de Cauterets.

L'arbre fixe, consolide les versants les plus escarpés — et aussi les éboulis pierreux, les déjections de torrents, les moraines glaciaires, tous ces *cahos* de débris qui s'accumulent dans les hautes vallées.
Il est la richesse du montagnard : il lui donne le bois nécessaire à la construction de ses chalets, à l'approvisionnement de son foyer. — Il alimente ses scieries, lui procure des salaires dans la saison morte. — Enfin, en maintenant fraîches et fertiles ses pelouses pastorales, il lui permet d'entretenir ces grands troupeaux de *vaches laitières* qui, bien mieux que les *moutons* ou les *chèvres*, si destructeurs, sont l'élément essentiel de prospérité pour ses pauvres cultures.

pâtis (1) dont les moutons achèvent la ruine. Comment les remettre en valeur ? Que leur manque-t-il pour recouvrer leur parure d'autrefois ?

— De la terre végétale, de l'humus, et aussi de la fraîcheur.

L'arbre peut leur rendre l'un et l'autre. Que l'on reboise les crêtes, mamelons, que l'on découpe et recoupe ces vastes plateaux par de larges rideaux forestiers de pin, d'épicéa, — de pin noir d'Autriche, ce grand régénérateur des terrains calcaires — et par de fréquentes haies feuillues où le chêne, le hêtre, l'érable, le noyer s'associeront à des buissons d'aubépine et de coudrier. — Et en combinant ces travaux avec des MISES EN RÉSERVE (2) *localisées et temporaires*, on verra le gazon se reformer peu à peu dans les intervalles — le gazon, la pelouse continue, la belle et bonne pâture se maintenant verte et fraîche pendant toute la saison de l'été — la richesse du paysan.

NOS STEPPES.

Nous avons aussi, en France, cette autre forme du désert : *le steppe* — le steppe de bruyères, d'ajoncs, de genêts, de fougères, etc. Il couvre plus d'un million d'hectares dans le Plateau central — presque toute l'épine dorsale de la France, depuis la Montagne Noire, les Cévennes, en passant par les monts de la Margeride, du Vivarais, du Lyonnais, du Forez, de la Madeleine, du Beaujolais, jusqu'aux collines du Morvan. Il rayonne sur les 150.000 hectares du plateau de Millevaches. Il déborde des versants pyrénéens par les plateaux de Lannemezan, de Ger, et vient jusqu'au milieu des plaines fertiles de la Gascogne étaler sa misère. — On retrouve ces landes, très réduites, il est vrai, sur les sommets et quelques versants des Vosges, —

(1) *Pâtis :* Pâturage inculte, presque improductif.

(2) *La mise en réserve*, ou *mise en défens* temporaire, peut à elle seule — sans frais — assurer le regazonnement naturel des terrains ainsi ombragés par des haies d'arbres. Mais il est évident que leur restauration pourrait être grandement accélérée par quelques travaux culturaux, tels que semis de graines fourragères, épandage d'engrais appropriés, etc.

dans les montagnes des Maures et de l'Esterel, — très étendues encore, bien que très morcelées, par suite de partages entre les habitants, dans notre Péninsule de Bretagne.

LA RESTAURATION
DES PLATEAUX GRANITIQUES.

Les populations sont parfois très attachées à ces landes. Elles leur servent de pâturages, — fournissent des litières, — du combustible (fagots de genêt et d'ajonc). — Mauvais pâturages ! — Mauvaise litière ! — Médiocre et coûteux combustible! *Chaque chose a sa destination naturelle !*—Il faut de l'herbe au bétail et non des plantes semi-ligneuses.— Il faut pour la litière des débris végétaux (pailles, feuillages) de décomposition facile ! — Il faut du bois, du charbon, pour l'alimentation du foyer domestique ! — Tout cela, le steppe ou la lande pourrait le donner à profusion : ici, — sur quelques points restreints et bien choisis, à proximité des villages — *par le défrichement et la culture :* — là, soit sur presque toute l'étendue des landes de montagnes, par *leur transformation en pelouses et en bois.*

Bien que ces steppes se rencontrent surtout sur des terrains granitiques et sablonneux, naturellement pauvres et prompts à se dessécher, ils ne sont ni le produit exclusif et nécessaire du sol,— ni la conséquence du climat. Car il fut un temps où ils étaient aussi couverts de bois ou d'herbages ; — et chaque jour, on peut voir de nouvelles landes se former par la destruction des forêts, — une mauvaise exploitation pastorale — ou l'abandon des cultures. — *Ils sont surtout le fait de l'homme, de la négligence humaine.*

C'est encore par des reboisements et par l'amélioration pastorale qu'on pourra rétablir sur ces terrains une végétation productive. Eux aussi manquent de la fraîcheur nécessaire aux bonnes plantes fourragères. — Ils sont — sans défense — exposés au soleil et aux vents desséchants. — Il faut leur rendre des abris, des ombrages. Il faut encore découper et recouper ces terrains par de larges rideaux forestiers, — ,ici de pins sylvestres, de bouleaux, — là, d'épicéas, de sapins, de mélèzes, — parfois de hêtres, de frênes — parfois encore de chênes et de châtaigniers. — Puis, dans les intervalles de ces bordures boisées, — d'autant plus rapprochées que le terrain craindra davantage l'assèchement, il faut faire la guerre à la bruyère, aux ajoncs, aux genêts, à toutes ces plantes néfastes qui occupent la place des bonnes plantes fourragères. — Il faut les faire disparaître par des *extractions*, des *écobuages*, (1) par *des fauchages répétés* ; des irrigations ou des drainages peuvent également en faciliter la destruction. — Elles ont formé à la surface du sol un terreau acide, incomplet, très défavorable aux bonnes plantes herbacées. Il faut amender ce sol, le compléter, l'enrichir par des *épandages de chaux, de cendres, de phosphates,* — par des *engrais animaux,* — par le *parcage* (2), enfin par une *mise en réserve temporaire* qui pourra être suivie ensuite d'un *pâturage intensif.* — Ainsi on reconstituera peu à peu sur ces terrains des forêts et des pelouses pastorales et parfois même des cultures productives.

NOS MARAIS. LEUR TRANSFORMATION.
EXEMPLE DE LA SOLOGNE.

Les steppes marécageux existent aussi sur bien des points de notre territoire. Ils y occupent environ 350.000 hectares. On sait qu'il est possible d'en faire des terrains très productifs, par la double opération de l'assainissement et de la plantation. Je vous ai raconté l'histoire des Landes de la Gascogne.

Au centre de la France, la *Sologne* nous a fourni un exemple analogue. Elle était aussi un pays de landes et de marais, de misère et de fièvre.

Aujourd'hui, avec ses pineraies de pin maritime et pin sylvestre qui couvrent environ 80.000

hectares, ses prairies et ses champs assainis, puis améliorés par des amendements calcaires, elle est devenue l'une des régions les plus saines et les plus prospères de la France (1). Mais combien de petits steppes marécageux pourraient subir des transformations semblables par le creusement de quelques fossés ou canaux et la plantation de pins, d'épicéas, d'aunes et de peupliers !

NOS MAQUIS. LEUR MISE EN VALEUR.

Enfin nous avons en France — et non seulement dans notre département de la Corse — mais un peu partout des *maquis* (2), des fourrés de broussailles, ou de maigres taillis, trop fréquemment exploités ou continuellement pâturés par les moutons ou les chèvres et qui ne renferment plus que des *morts-bois* : coudriers, aubépines, pruniers épineux, buis, genévriers, etc., ou des *cépées* (3) misérables de chêne-vert, chêne, hêtre, charme. Ces terrains ne produisent guère que des ramées de pois ou de haricots et des fagots de menu bois payant à peine les frais de façon. — Ils pourraient bien souvent redevenir de belles futaies résineuses ou feuillues, rapportant 50 francs et plus par hectare et par an.

Des semis ou plantations, et parfois même une simple mise en réserve, suffisamment prolongée, y interdisant à la fois la hache et le troupeau, pourront produire ce résultat.

LA RÉALISATION DU PROGRAMME. MOYENS D'EXÉCUTION.

Voilà, jeunes enfants, un beau et vaste programme à réaliser, une œuvre féconde et patriotique à accomplir, puisqu'elle doit avoir pour résultat d'embellir nos campagnes, d'en

---

(1) Écobuage : Opération agricole qui consiste à brûler les mottes de gazon obtenues par un défrichement à la houe ou par un labour, et mises en tas.

(2) Parcage : Opération qui consiste à faire séjourner un troupeau dans une enceinte fermée par des claies, où il laisse d'abondantes fumures.

(1) De 1830 à 1896, la population de la Sologne s'est augmentée de 50 p. 100. Le nombre des décès qui, en 1850, était de 28,3 pour 1.000 n'est plus maintenant que de 15,7.

(2) Maquis, nom sous lequel on désigne en Corse les fourrés de broussailles qui servent de pâturage aux chèvres et aux moutons, et parfois de refuge aux criminels poursuivis par la vindicte des lois.

(3) Cépée: Ensemble de brins ou rejets se développant sur la souche d'un arbre coupé.

développer la prospérité, et d'y retenir une population qui n'y trouve plus ni assez de bien-être, ni assez de travail. — C'est une œuvre de longue haleine, aussi, car elle pourrait s'appliquer à plus de 7 à 8 millions d'hectares, soit au 1/7 de la superficie du territoire français. — Et pourtant, un siècle, le siècle qui commence, suffirait à l'accomplir, si dès maintenant l'on se mettait au travail, — si dans chaque commune, dans chaque village, des chantiers s'organisaient pour effacer peu à peu toutes ces *taches* déshonorantes de notre territoire, pour en faire disparaître les terres incultes. Chaque année quelques hectares du communal seraient mis en réserve et soumis aux travaux jusqu'à leur entière restauration. — Chaque année, les particuliers emploieraient de leur côté leurs journées perdues à la mise en valeur pastorale ou forestière des champs qu'ils ne peuvent plus utilement cultiver, et qui ne demanderaient plus dès lors que des travaux d'entretien *peu importants, périodiquement renouvelés.* Des projets de restauration, des aménagements pastoraux ou forestiers préparés par des agents techniques mis à la disposition des communes et même des particuliers, régleraient avec méthode la marche de ces travaux et en consolideraient les résultats. — L'État, les départements, nos sociétés forestières et agricoles, le Touring-Club enfin, si dévoué aux intérêts généraux du pays, encourageraient par des subventions ou des récompenses les premiers efforts. — Pour le surplus des dépenses, on aurait recours aux institutions financières qui ont déjà pour mission de faire crédit à la terre : au Crédit Foncier, aux caisses régionales de crédit agricole qui pourront, en vertu d'une loi récemment votée (1), faire des prêts à longue échéance — et aussi, si on le voulait bien, à toutes ces caisses d'épargne, de secours mutuels, caisse nationale des retraites, alimentées en grande partie par l'épargne du paysan, et dont les fonds, tirés de la terre,

(1) Loi sur les Avances aux Sociétés coopératives agricoles présentée par M. Ruau, ministre de l'agriculture. — Nous en donnons le résumé dans l'Appendice (page 95).

devraient si justement lui revenir pour en féconder et en accroître les profits.

LE RÔLE DE L'ÉCOLE ET DE L'INSTITUTEUR.

Mais cette œuvre dépend avant tout de l'assentiment, de la volonté des populations rurales. *C'est donc à l'école, par l'instituteur* (1) *et par l'enfant, qu'elle peut seulement se préparer.* Et déjà ceux-ci se sont mis à l'œuvre. Déjà quelques leçons de sylviculture et d'amélioration pastorale sont données dans nos établissements d'instruction primaire. Ce petit livre a pour principal objet d'aider à la généralisation de cet enseignement.

SOCIÉTÉS SCOLAIRES PASTORALES FORESTIÈRES.

Dans un certain nombre de nos départements, on a fait mieux encore, on a voulu joindre l'exemple à la leçon, l'action à l'étude, on a fondé dans les écoles les *sociétés pastorales-forestières.* Elles ont pris naissance en Franche-Comté par l'initiative de M. Mayet, instituteur à Avignon-lès-Saint-Claude (Jura) — et de là se sont répandues — au nombre de 200 environ — dans un certain nombre de départements appartenant pour la plupart à la région de l'Est. — Ces petites associations n'ont pas seulement pour but de développer parmi leurs membres l'amour des arbres et des notions de sylviculture et d'amélioration pastorale. Elles exécutent elles-mêmes des travaux sous la direction de leurs instituteurs et déjà elles ont remis en valeur plusieurs centaines d'hectares et planté plus de 2 millions de plants forestiers sur les terrains communaux.

Enfin, en créant sur des terrains mis à leur disposition par les communes et *soigneusement clôturés,* des *places d'essai* où seraient expérimentées diverses formules de restauration, elles pourraient déterminer beaucoup de communes

(1) La haute importance du rôle de l'instituteur en ces questions a été ainsi définie : « Le maître dont l'initiative et le dévouement auront fait émerger du milieu social qu'il doit cultiver, quelques individualités avisées, prévoyantes, industrieuses, et largement ouvertes aux progrès ruraux, sera pour sa vallée ce que Chambrelent fut pour les Landes, un sauveur ». L. A. FABRE.

et de particuliers à exécuter en grand ce qu'elles auraient fait elles-mêmes en petit, et ainsi faire rayonner tout autour d'elles le *Progrès forestier et pastoral*.

LES MUTUELLES SCOLAIRES FORESTIÈRES (1).

Dans la Loire et dans les Vosges, ces associations ont pris une forme particulièrement intéressante, et elles se sont greffées sur les mutuelles scolaires dites *petites Cavé*, du nom de l'homme bienfaisant qui s'en est fait l'ardent promoteur. — Dès lors, leurs travaux de plantations, exécutés sur des terrains acquis par elles, grâce à de généreux donateurs, ou qui leur sont concédés par des communes, ont pour objet de créer des peuplements forestiers dont l'exploitation servira plus tard à grossir leurs *fonds de retraite*.

LA CAPITALISATION FORESTIÈRE.

De même qu'il suffit d'une bien petite graine pour produire un très grand arbre, de même aussi ces organisations enfantines pourraient devenir l'embryon d'un grand progrès social.

Autrefois, les économies si péniblement acquises par le travailleur des champs s'engouffraient dans le bas de laine et celui-ci se déguisait sous les piles de linge de la vieille armoire en bois de chêne. — Aujourd'hui, on ne laisse plus l'argent dormir ainsi. On le confie aux caisses de l'Etat, aux grandes compagnies financières, industrielles, ou commerciales, et le petit trésor s'accroît chaque jour de l'intérêt produit par ces placements. C'est la *capitalisation finan-*

(1) L'initiative de la création des mutuelles scolaires forestières appartient : pour la *Loire*, à M. le sénateur Audiffred, membre du Comité des Sites et Monuments pittoresques du Touring-Club ; pour les *Vosges*, à M. Mignot, instituteur à Quieux-le-Saulcy.

cière. Or, l'arbre aussi s'accroît constamment. Chaque année, il élargit dans le ciel le cercle de son feuillage. Chaque année, un cylindre de bois recouvre les cylindres précédemment formés. Et dans une forêt, tous ces accroissements, s'ajoutant l'un à l'autre, composent l'intérêt du capital ligneux et concourent à accroître celui-ci. *C'est la capitalisation forestière*.

Cette capitalisation a ceci de particulièrement avantageux dans les jeunes bois, c'est qu'elle se fait très vite. Il suffit d'une, deux, trois ou quatre années pour qu'un très jeune arbre

LA MUTUELLE SCOLAIRE FORESTIÈRE DE QUIEUX-LE-SAULCY ET SA PÉPINIÈRE.

ait doublé son volume. Cela veut dire qu'il s'accroît au taux de 100-50-33 ou 25 p. 100. — Ce taux d'accroissement du volume diminue, il est vrai, constamment avec l'âge. Mais à 20 ans, il peut atteindre encore 20 p. 100, — à 40 ans, 8 p. 100. — à 50 ans, 4 p. 100. — D'autre part, la valeur du bois au mètre cube, croît — surtout dans la jeunesse — d'une façon très sensible avec le grossissement des tiges. Le mètre cube dans l'arbre de 1 m. 20 de tour vaut souvent deux fois plus que dans celui de 0 m. 40. — Ces deux causes agissent ensemble pour accroître rapidement la valeur des jeunes massifs fores-

6

tiers. Elles expliquent les profits financiers, parfois merveilleux, que l'on peut tirer de la plantation forestière.

LE NOUVEAU RÔLE SOCIAL DE L'ARBRE.

Elles expliquent aussi le nouveau rôle social de l'arbre dans nos sociétés modernes. Les forêts en croissance sont de véritables caisses d'épargne où le père prévoyant peut placer ses économies. Qu'à la naissance de chacun de ses enfants il achète, au prix de 50 à 200 francs l'un, 5 hectares d'une terre inculte ; qu'il affecte à leur plantation quelques journées perdues de ses ouvriers et de lui-même, et voici qu'au bout de 25, 30 ans, ces terrains boisés ont acquis au total une valeur de 5.000 à 10.000 francs. — Ils seront la dot de ses filles ou l'avance indispensable donnée à ceux de ses enfants qui ne pourront continuer l'exploitation paternelle. — Peut-être lui épargneront-ils la pensée douloureuse du partage et du morcellement du domaine familial, quand la mort aura fermé ses yeux ! — C'est pour lui-même enfin une réserve précieuse, où, dans le cas d'un événement malheureux, d'un revers de fortune, il pourrait trouver la *planche du salut*.

LA FORÊT RETRAITE.

Mais c'est comme placement en vue d'une *retraite pour la vieillesse*, que la plantation forestière ou la restauration d'une forêt ruinée pourraient jouer un rôle particulièrement bienfaisant. C'est, en effet, vers l'âge de 50 à 60 ans — l'âge de la retraite — que la plupart des plantations forestières peuvent être exploitées le plus avantageusement. Et voilà pourquoi je disais que les petites sociétés mutuelles scolaires forestières pourraient être l'embryon d'un grand progrès social dans nos campagnes.

DERNIER RÉCIT. — *Une Délibération au Conseil municipal des Essarts.*

Il y eût, tout récemment, une séance orageuse au Conseil municipal de la commune des Essarts. On vint à parler du projet de loi sur les retraites ouvrières. — « Comme toujours, disait l'un, ce seront les intérêts des paysans qui seront sacrifiés. » — « Mais non, disait

l'autre, puisqu'on a l'intention d'étendre aux travailleurs de la terre le bénéfice de la loi. » — « Oui-dà, je le veux bien, mais qui paiera l'énorme somme nécessaire pour procurer une retraite de 360 francs à une dizaine de millions de Français? On en demandera une grande partie à l'impôt, et c'est encore nous qui paierons ! »

Un jeune conseiller émit un avis ingénieux : « Il serait bien facile, dit-il, d'assurer une retraite à beaucoup de nos paysans de France, sans qu'il en coûtât grand'chose à la grande bourse commune, à la Caisse de l'Etat. — Nous avons là, tout à l'entour du village, 300 hectares de pâturages communaux. Si l'on en couvrait une partie avec des plantations forestières, celles-ci prendraient de la valeur d'année en année, et au bout de cinquante ans, les produits de leurs exploitations pourraient être mis en vente et employés à créer des pensions pour les vieillards de la commune. » Plusieurs conseillers se levèrent furieusement et frappant du poing sur la table : « Que deviendront, dirent-ils, nos bestiaux si on boise les pâturages ? » — « Vous savez fort bien, reprit le jeune homme, que la majeure partie de nos pâturages est actuellement couverte de buissons ou d'herbes sauvages impropres à la nourriture des animaux. Si, par des travaux d'amélioration pastorale poursuivis d'année en année, on remettait en bonne production herbagère la moitié de nos terrains — la partie la plus fertile — nos troupeaux seraient mieux nourris qu'ils ne le sont actuellement sur toute leur surface, le pâturage mieux fumé par un pacage plus intensif s'améliorerait et s'entretiendrait plus facilement en bon état. Et alors, nous pourrions boiser le surplus, soit les pentes, les crêtes, les mamelons, les surfaces embroussaillées, et ces boisements contribueraient encore, par leurs ombrages, leurs abris, à maintenir la pâture plus fraîche plus fertile et plus productive. » Ces dernières raisons frappèrent le Conseil municipal qui finalement décida qu'une commission serait nommée pour étudier la question.

La commission se mit à l'œuvre, visita tous les terrains communaux, prit des renseignements à la ville voisine, auprès du président d'une société de secours mutuels, d'un agent forestier, et soumit au Conseil le projet suivant :

« Notre commune a actuellement une population de 200 habitants. D'après les registres de l'état civil, le chiffre des naissances est de 5 en moyenne chaque année — l'effectif d'une escouade. La mort, malheureusement, en éclaircira les rangs. Combien survivront à l'âge de 60 ans? — Les tables de *survie* indiquent la proportion de 2 pour 5. Si donc l'on voulait faire bénéficier tous les enfants récemment nés ou à naître dans notre village d'une retraite à l'âge de 60 ans, il faudrait constituer le capital nécessaire pour fournir une rente viagère de 360 francs à chacun des deux survivants. Or, d'après les tarifs de la Caisse nationale des retraites, il faudrait leur constituer à l'âge de 60 ans un capital de 3.867 francs.

Nous avons cherché à déterminer la surface qu'il conviendrait de boiser chaque année pour obtenir ce résultat. L'agent forestier venu sur place pour étudier les terrains à planter nous a fait connaître que, d'après son étude et les comparaisons qu'il avait pu faire avec des forêts de situation analogue, récemment exploitées, une plantation de pin sur 1 hectare pourrait donner le rendement suivant :

Réalisation du peuplement principal entre
55 et 60 ans.......................... 5.000 fr.
Produit des éclaircies faites tous les 5 à 6 ans
à dater de l'âge de 25 ans et capitalisé à la
Caisse des Dépôts et Consignations...... 3.332 fr.
Total........ 8.332 fr.

— Ainsi le reboisement de 1 hectare suffirait très largement à produire la somme nécessaire pour fournir à chacun de nos survivants leur retraite de 360 francs.

La même opération de boisement de 1 hectare devrait naturellement se renouveler chaque année pendant 60 ans. On aura dès lors 60 hectares reboisés, et chacun de ceux-ci étant parvenu à l'âge de 60 ans sera exploité et immédiatement replanté. Donc le reboisement d'une surface de 60 hectares *à raison de 1 hectare par an* pourrait suffire à assurer *indéfiniment* à tous les enfants du village récemment nés ou à naître une retraite de 360 francs à l'âge de 60 ans.

Quant aux moyens d'exécution, ils pourraient être assurés de la façon suivante: La société de secours mutuels et de retraites instituée à l'école serait élargie et s'étendrait à tous les habitants de la commune. — La commune mettrait à sa disposition, sous forme de concession ou de location à long terme, indéfiniment renouvelables, les 60 hectares de terrain nécessaire. Ce terrain serait délimité et divisé par des bornes en 60 parcelles égales. L'Administration forestière fournirait gratuitement les plants nécessaires à l'exécution des premiers travaux ainsi que la graine à ensemencer dans une pépinière qui serait établie pour approvisionner dans la suite le chantier des planteurs. Celui-ci serait formé par les enfants

de l'école assistés des adultes et serait surveillé par l'instituteur ou le garde forestier, sous la direction de l'agent forestier local qui donnerait toutes les instructions utiles au succès. — Enfin la *forêt-retraite* serait placée sous la régie de l'Administration forestière qui en assurerait la surveillance et l'entretien et réglerait les exploitations *conformément à sa destination.* »

Mon récit s'arrête là, jeunes lecteurs, car le Conseil municipal des Essarts n'a pas encore statué sur les conclusions de ce rapport ; mais il suffit à montrer comment, avec le concours de tous et des sacrifices presque insignifiants soit pour l'État, soit pour les communes, soit pour les habitants mutualistes, pourrait s'édifier peu à peu dans beaucoup de nos petites collectivités rurales, propriétaires de vastes terrains incultes, la *forêt-retraite.*

Progrès énorme pour nos campagnes ! — Progrès très aisément réalisable dans beaucoup de nos régions de collines, de plateaux et de montagnes. Progrès populaire, s'il en fut ! — Le paysan verrait du seuil de sa porte le rideau forestier s'étendre d'année en année sur le versant aride. Il verrait chaque printemps verdir les feuilles nouvelles et, sentant ses forces faiblir, il dirait : « Qu'importe ! La sève gonfle de nouveau l'écorce de nos arbres. Ils vont grossir. Ils vont travailler pour nous. » — Puis, rappelant ses souvenirs : « Ces arbres, je les ai plantés quand j'étais écolier. Ils tenaient tout entiers dans mes petites mains ! Et maintenant, ils sont aussi hauts que le clocher du village. Dans quelques années, ils me nourriront et je pourrai attendre doucement, dans le repos, l'heure du grand sommeil ! »

QUESTIONNAIRE DU LIVRE V.

1° *Résumer les liens de solidarité existant entre les forêts et l'homme. Expliquer la parole de Chateaubriand:* « Les forêts précèdent les peuples. Les déserts les suivent ».

2° *Donner la formule applicable à la restauration de nos montagnes.*

3° *Comment pourrait-on remettre en valeur les régions désertiques de la France, savoir : nos plateaux calcaires — nos plateaux granitiques — nos marais nos terrains de broussailles.*

4° *Quels pourraient être les moyens d'exécution à appliquer à la mise en valeur de toutes nos terres incultes. Comment l'école et l'instituteur doivent y contribuer.*

5° *Qu'est-ce qu'une société scolaire pastorale-forestière ? Qu'est-ce qu'une mutuelle scolaire forestière ? Leur mission et leur rôle éducateur.*

6° *Expliquer pourquoi les jeunes peuplements forestiers s'accroissent rapidement en valeur — comment dès lors ils peuvent constituer de véritables caisses d'épargne.*

7° *Expliquer comment on pourrait les utiliser pour créer des caisses de retraite aux ouvriers agricoles.*

UNE SINGULIÈRE CAISSE D'ÉPARGNE POUR LES ENFANTS DES ÉCOLES.

Ce sera — si la Commune le veut bien — un coin du Communal d'une surface de 1 hectare et ne valant pas 100 francs. — S'ils sont 50 enfants à l'École, ils planteront chacun cent petits plants forestiers, pas plus hauts que leur botte. Au bout de 60 ans — après avoir récolté déjà beaucoup de petits arbres secs ou trop serrés par leurs voisins — ils trouveront dans leurs *Caisse* 800 beaux arbres cubant 400 mètres cubes et valant 6.000 *francs*. S'ils veulent les laisser croître encore jusqu'à 120 ans, — eux, — ou plutôt leurs enfants — pourront s'ébahir devant une belle futaie comme celle-ci renfermant 350 arbres et 700 mètres cubes de bois d'une valeur de 14.000 *francs*.

APPENDICE

PAROLES A RETENIR.

Forêts et prairies sont pour la région santé et richesse.
OLIVIER DE SERRES.

La destruction des forêts est non une faute mais une malédiction et un malheur à toute la France, parce qu'après que tous les bois seront coupés, il faut que les arts cessent et que les habitants s'en aillent paître l'herbe, comme fit Nabuchodonosor.
BERNARD PALISSY.

La France périra faute de bois.
COLBERT.

Plus un pays défriche, plus il devient pauvre en eau.
BUFFON.

Il importe non seulement à l'État mais à tous les habitants, de veiller à la conservation et de maintenir le respect dû à toutes les propriétés et notamment à celle des bois, objet de premier besoin.

(*Assemblée Nationale*, séance du 11 décembre 1789.)

De la conservation des forêts dépendent le succès de l'agriculture, du commerce, des manufactures et des arts, la marine, la navigation intérieure, les mines, toutes les commodités de la vie et notre existence même.

(Extrait d'un *Rapport fait en l'an IV à la Convention*.)

Les forêts précèdent les peuples, les déserts les suivent.
CHATEAUBRIAND.

Partout où les arbres ont disparu, l'homme a été puni de son imprévoyance.
, CHATEAUBRIAND.

La conservation des forêts est l'un des premiers intérêts des sociétés, et par conséquent l'un des premiers devoirs des gouvernements.
DE MARTIGNAC.

La destruction des forêts est le signe précurseur de la décadence des nations.
BAUDRILLART.

En abattant les arbres qui couvrent le flanc et la cime des montagnes, les hommes, sous tous les climats, préparent aux générations futures deux calamités à la fois : un manque de combustible et une disette d'eau.
HUMBOLDT.

De la présence des forêts sur les montagnes dépend l'existence des cultures et la vie des populations.
Alexandre SURELL.

La végétation est le meilleur moyen de défense à opposer aux torrents.
Alexandre SURELL.

Les forêts ont pour effet de régulariser le régime des cours d'eau, en ce sens que, si elles augmentent le débit d'hiver, elles augmentent plus encore le débit d'été.
CÉZANNE.

Le perfectionnement des méthodes d'exploitation pastorales pourrait décupler la richesse de nos hautes vallées.
CÉZANNE.

Si réparer et relever des ruines est bien, en prévenir de nouvelles est mieux encore. Il est donc nécessaire que l'usage des pâturages soit réglementé, aménagé.
La restauration vraie, durable des montagnes est à ce prix.
A. MATHIEU.
Ancien sous-directeur de l'École forestière

L'ère de la restauration définitive de nos montagnes s'ouvrira lorsqu'on se décidera à aider résolument leurs populations à remettre chaque nature de cultures. champs, pâturages et forêts en leur place naturelle.
F. BRIOT.

Je ne sais pas de plus noble mission que celle d'aider la nature à reconstituer dans nos montagnes l'ordre qu'elle avait si bien établi et que seuls l'imprévoyance et l'égoïsme de l'homme ont changé en un véritable chaos.

P. DEMONTZEY.

Celui qui a planté un arbre n'a point passé vainement sur la terre.

Proverbe arabe.

Qui tue un arbre, tue un homme !

Proverbe serbe.

Chaque hectare dégradé dans la montagne en compromet plusieurs dans la plaine.

KRANTZ (*Discussion au Sénat, loi* 1882).

Il est toujours périlleux d'essayer de modifier, si peu que ce soit, ce que la nature a arrangé en y mettant le temps, beaucoup de temps.

VIOLLET-LE-DUC.

L'équilibre entre le sol forestier et le sol arable est indispensable à la prospérité de l'agriculture. Malheur aux pays assez imprévoyants pour détruire leurs forêts!

HERVÉ-MANGON.

La France bien aménagée et bien irriguée nourrirait facilement le double d'habitants qu'elle a maintenant. Ce résultat naîtra des reboisements et des irrigations.

BABINET, *membre de l'Institut.*

Le reboisement des espaces dévastés, le boisement et le gazonnement des terrains dénudés sont un besoin vital.

E. RECLUS.

Ce ne sont pas les guerres qui ont fait le plus de mal à la région de la Méditerranée, mais bien la sécheresse, amenée et aggravée par les déboisements irréfléchis et par l'abus exagéré du pâturage des moutons dans les montagnes.

DEHÉRAIN.

De Madrid à Jérusalem, l'histoire et la géographie répètent : forêts livrées aux moutons, forêts détruites ; montagnes sans bois, montagnes sans vie.

BROILLARD.

Le déboisement est un des fléaux les plus redoutables, qui menacent l'humanité. Ce n'est point assez dire, il est un péril pour la vie même de l'univers.

Pierre BAUDIN.

La vie des hommes est attachée à celle des arbres.

TASSY.

La conservation des arbres, bois et forêts qui assurent l'équilibre climatique du milieu social est une application du principe de la *Dette sociale*, et de la *loi de solidarité* qui lie toutes les générations.

J. REYNARD.

Les peuples qui aiment les forêts sont laborieux et prévoyants. En raison de leurs mœurs et de leurs traditions, ils conservent et accroissent le capital, quelle que soit sa forme, qui constitue le *matériel de leur civilisation*. Ce sont les peuples en progrès.

E. GUINIER.

Celui qui plante un arbre est un bienfaiteur de l'humanité ; celui qui en détruit un inutilement est un criminel.

André THEURIET.

Les forêts sont des réservoirs naturels. En contenant le cours des fleuves durant la crue, en l'alimentant durant les époques de sécheresse, elles rendent possible l'utilisation de l'eau qui s'épuisait auparavant en pure perte. Elles empêchent que le sol ne soit délayé et protègent ainsi les barrages-réservoirs de la vase qui tend à les combler. La conservation des forêts est donc une condition essentielle de la conservation de l'eau.

Président ROOSEVELT.

Les forêts, les pâturages et les prairies, c'est toute l'économie rurale de la région montagneuse... et la conservation de la forêt est l'hygiène de la montagne.

DE GOSSE.

N'abattez jamais un arbre sans en avoir planté dix.

L'abbé ROZIER.

Un vieil et bel arbre est comme un bon vieillard : il est plein de souvenirs et de sages conseils, il mérite le respect.

William GAS, *instituteur.*

Les fêtes de l'arbre créent un lien entre l'enfant et l'arbuste. Elles font qu'une fraternité se développe entre le sang et la sève qui tiennent et tirent leur force d'un même sol.

P.-A. CHANOEUR.

La terre qui se boise n'est plus matière inerte : la forêt lui communique une vie réelle, la transforme. La pelouse fait de même, à un degré moindre.

L.-A. FABRE.

L'érosion ne naît pas en sol boisé, le déboisement provoque l'érosion, le reboisement l'éteint.

L.-A. FABRE.

Le salut de la montagne est dans le reboisement,
Le salut des plaines est dans le reboisement,
Le salut des rivières est dans le reboisement,
Le salut de la terre est dans le reboisement.

Onésime RECLUS.

L'ennemi de toutes nos cultures, c'est la sécheresse. Et quelle est la cause de la sécheresse? Le déboisement.

Jules MAISTRE.

Si vous voulez de l'eau, faites des bois.

Paul DESCOMBES.

En formant des mutuelles scolaires forestières, les enfants des écoles auront fait plus pour avancer la question de la Loire navigable que tous les ingénieurs du monde.

Abbé LEMIRE (*Discours à la Chambre des députés du 17 novembre 1904*).

Quel meilleur et plus solide placement pourrait-on rencontrer pour les versements à la Caisse des retraites que celui du reboisement des terres incultes, c'est-à-dire la transformation successive de ces versements en belles et bonnes forêts, immuables comme la terre de France.!

J. MÉLINE.

Aimer les arbres, c'est aimer la patrie.

E. CARDOT.

PAGES LITTÉRAIRES [1].

Sujets de Dictées.

L'arbre est la joie de la terre à laquelle il donne l'eau des sources qui l'arrosent et l'humus qui la féconde; c'est la santé de l'air que sa verdure purifie. Un bel arbre, c'est une fête pour les yeux et des milliers d'arbres cela fait la forêt, le manteau de la terre, cette richesse d'une nation ! Un pays qui n'a plus de forêts est un pays fini !... Un arbre, mais c'est la charpente de votre maison, c'est le mât des vaisseaux, c'est la chaleur de votre foyer qui vous donne un soleil en plein hiver !

André THEURIET.

PAYS DÉBOISÉS.

LA GRÈCE.

Il faisait encore nuit quand nous quittâmes Modon ; je croyais errer dans les déserts d'Amérique : même solitude, même silence. Nous traversâmes des bois

[1] Ces pages sont données à titre d'indication. — Dans les écrits de nos principaux écrivains, et notamment dans les récits de voyage, on trouve fréquemment des passages faisant ressortir l'agrément ou l'utilité des arbres et des forêts, comme aussi les conséquences funestes de leur disparition. — Il convient d'appeler l'attention des enfants sur ces morceaux de littérature, et d'en faire l'objet de récitations, de dictées et d'explications instructives.

d'oliviers, en nous dirigeant au midi. Au lever de l'aurore, nous nous trouvâmes sur les sommets aplatis des montagnes les plus arides que j'aie jamais vues. Nous y marchâmes pendant deux heures : ces sommets labourés par les torrents avaient l'air de guérets abandonnés, le jonc marin et une espèce de bruyère épineuse et flétrie y croissaient par touffes. De gros caïeux de lis de montagnes, déchaussés par les pluies, paraissaient à la surface de la terre. Nous découvrîmes la mer vers l'est, à travers un bois d'oliviers clairsemé ; nous descendîmes ensuite dans une gorge de vallon où l'on voyait quelques champs d'orge et de coton. Nous passâmes un torrent desséché : son lit était rempli de lauriers-roses et de gatiliers (l'*agnus castus*), arbuste à feuille longue, pâle et menue, dont la fleur lilas, un peu cotonneuse, s'allonge en forme de quenouille. Je cite ces deux arbustes parce qu'on les retrouve dans toute la Grèce et qu'ils décorent presque seuls ces solitudes jadis si riantes et si parées, aujourd'hui si nues et si tristes.

CHATEAUBRIAND (*Itinéraire de Paris à Jérusalem*).

LA GRÈCE.

15 août 1832.

Je n'écris rien : mon âme est flétrie et morne comme l'affreux pays qui m'entoure : rochers nus, terre rougeâtre ou noire, arbustes rampants ou poudreux, plaines marécageuses où le vent glacé du nord, même au mois d'août, siffle sur des moissons de roseaux : voilà tout.

Cette terre de la Grèce n'est plus que le linceul d'un peuple, cela ressemble à un vieux sépulcre dépouillé de ses ossements, et dont les pierres mêmes sont dispersées et brunies par les siècles. Où est la beauté de cette Grèce tant vantée?

LAMARTINE (*Voyage en Orient*).

L'HORIZON D'ATHÈNES.

18 août 1832.

Cet horizon est admirable encore aujourd'hui que toutes ces collines sont nues et réfléchissent, comme un bronze poli, les rayons réverbérés du soleil de l'Attique. Mais quel horizon Platon devait avoir de là sous les yeux, quand Athènes, vivante et vêtue de ses mille temples intérieurs, bruissait à ses pieds comme une ruche trop pleine... quand les flancs de toutes les montagnes, depuis les montagnes qui cachent Marathon jusqu'à l'Acropolis de Corinthe, amphithéâtre de quarante lieues de demi-cercle, étaient découpées de forêts, de pâturages, d'oliviers et de vignes, et que les villages et les villes découvraient de toutes parts cette splendide ceinture de montagnes !

LAMARTINE (*Voyage en Orient*).

LA GALILÉE.

La Galilée était un pays très vert, très souriant, le vrai pays du cantique des cantiques..... L'état horrible où le pays est réduit, surtout près du lac de Tibériade, ne doit pas faire illusion. Ces pays, maintenant brûlés, ont été autrefois des paradis terrestres. Les bains de Tibériade, qui sont aujourd'hui un affreux séjour, ont été autrefois le plus bel endroit de la Galilée. Josèphe vante les beaux arbres de la plaine de Génézareth, où il n'y en a plus un seul. André, martyr vers l'an 600, cinquante ans par conséquent avant l'invasion musulmane, trouve encore la Galilée couverte de plantations délicieuses et compare sa fertilité à celle de l'Egypte.

Ernest RENAN.

LES ENVIRONS DE JÉRUSALEM.

L'aspect général des environs de Jérusalem peut se peindre en peu de mots : montagnes sans ombre, vallées sans eau, terre sans verdure..., quelques blocs de pierre grise perçant la terre friable et crevassée ; de temps en temps un figuier; auprès, une gazelle ou un chacal se glissant furtivement entre les brisures de la roche ; quelques plants de vigne rampant sur la cendre grise ou rougeâtre du sol; de loin en loin, un bouquet de pâles oliviers jetant une petite tache d'ombre sur les flancs escarpés d'une colline ; à l'horizon, un térébinthe ou un noir caroubier se détachant triste et seul du bleu du ciel..... Pas un souffle de vent murmurant entre les branches sèches des oliviers ; pas un oiseau chantant ni un grillon criant dans le sillon sans herbe ; un silence complet, éternel, dans la ville, sur les chemins, dans la campagne... Jérusalem, où l'on peut visiter un sépulcre, est bien elle-même le tombeau d'un peuple, mais tombeau sans cyprès, sans inscriptions, sans monuments, dont on a brisé la pierre, et dont les cendres semblent recouvrir la terre qui l'entoure de deuil, de silence et de stérilité.

LAMARTINE (*Voyage en Orient*).

LES RUINES DE GOLCONDE (Inde).

Au tournant d'un faubourg d'Hyderabad, on lit cette inscription sur un vieux mur : Chemin de Golconde. Et autant il eût valu écrire : chemin des ruines et du silence.

Le long de ce chemin désolé, où le trot des chevaux soulève tant de poussière, on rencontre d'abord quantité de petites mosquées à l'abandon... Ensuite, plus rien ; on s'enfonce dans les steppes brûlés, couleur de cendre, et les amoncellements de blocs granitiques y forment çà et là des collines, des tumuli, des pyramides qui, à force d'étrangeté, n'ont même plus l'air d'appartenir à notre monde terrestre.

Après une heure de course, on arrive au bord d'un lac sans eau, desséché jusqu'à la vase de son lit, derrière lequel tout l'horizon est comme muré par un grand fantôme de ville, du même gris sinistre que le sol de la plaine. Et c'est là Golconde, qui fut pendant trois siècles une des merveilles de l'Asie...

Tout est silencieux et vide, dans l'enceinte immense. Golconde n'est plus qu'une plaine de cendres, semée de pierres en déroute, d'éboulements de toutes sortes, et d'où surgissent, comme des dos d'énormes bêtes endormies, les cailloux primitifs, plus résistants que les ouvrages des hommes, ces mêmes blocs aux flancs ronds et polis qui jonchent le pays entier et qui, par endroits, s'élèvent en montagne...

Au milieu de tout, sur la dernière terrasse, une mosquée et un kiosque, d'où les sultans de jadis surveillaient le pays, regardaient venir du fond de l'horizon les armées. La vue qu'on avait de là sur les campagnes, les jardins, les ombrages, fut célèbre aux siècles passés. Mais aujourd'hui ces plaines ont cessé de vivre.

Les climats sont changés, il ne pleut plus ; l'Inde, à ce qu'il semble, se dessèche en même temps qu'elle décline et s'épuise.

Pierre LOTI (*L'Inde*).

LA CHANSON DE LA FAMINE.

Ce sont des petits enfants surtout, ce sont de pauvres petits squelettes, aux grands yeux étonnés de tant souffrir, qui la chantent ou la hurlent, cette chanson, à l'entrée des villages, aux carrefours des routes, en tenant à deux mains leur ventre affreusement creusé, dont la peau s'est plissée comme celle d'une outre vide.

Pour l'entendre dans toute sa violence, cette chanson-là, il faut aller au pays Radjpoute où les hommes en ce moment tombent par milliers, faute d'un peu de riz qu'on ne leur envoie pas.

Dans cette région, les forêts sont mortes, la jungle est morte, tout est mort.

Les pluies de printemps que la mer d'Arabie envoyait jadis, font défaut depuis quelques années, ou bien changent de route, vont se répandre, inutiles, sur le Béloutchistan désert. Et les torrents n'ont plus d'eau ; les rivières tarissent, les arbres ne peuvent plus reverdir... On a le sentiment de quelque chose d'anormal, d'une désolation sans recours, d'une espèce d'agonie de la planète usée.

Pierre LOTI (L'Inde).

LA MORT DE LA MONTAGNE.

Le cirque de Julier, plus grand que grandiose, avec ses sommets d'un gris sombre, ses neiges en partie fondues, n'expliquait que très lugubrement l'écroulement futur de ce grand mur des Alpes... Qui accuser de ces ruines? La neige seule? Celle-ci à son tour accusera le vent du midi, le fœhn, le siroco. Le siroco dira : « Accuse le désert ; le Sahara m'envoie. Qu'y puis-je? » Pour moi, neige et vent et désert, je les absous. Je ne m'occupe que de l'homme. « Moi, dit-il, et que puis-je à ces sommets si hauts où je ne vais jamais? » Au sommet? Rien — Beaucoup aux pentes, aux gradins inférieurs où s'appuient les sommets. La neige, chaque année, les chargerait sans doute. Sans doute, elle fondrait en juillet ; mais sa masse rompue, divisée en ruisseaux, ne ferait pas de torrent si l'antique forêt qui était là eût été respectée, si la hache avait craint de détruire la barrière vivante qu'ont longtemps respectée, honorée nos aïeux. Aux lieux les plus sévères où l'on dit : « La nature expire » elle avait mis la vie. Rien ne la découragera.

MICHELET (La Montagne).

POÉSIES.

L'ARBRE FRUITIER.

Plantez donc pour cueillir : que la grappe pendante,
La pêche veloutée ou la poire fondante
Tapissant de vos murs l'uniforme blancheur
D'un suc délicieux vous offre la fraîcheur.

DELILLE.

LA FORÊT.

Au plus profond des bois la Patrie a son cœur :
Un peuple sans forêts est un peuple qui meurt.
C'est pourquoi tous, ici, lorsqu'un arbre succombe,
Jurons d'en replanter un autre sur sa tombe ;
Jurons d'ensemencer les friches dénudées,
Que changent en torrents les soudaines ondées,
Et les versants rongés par la dent des troupeaux,
Où les rocs décharnés percent comme des os.
Et puissent nos enfants voir, aux saisons futures,
Des chênes et des pins les robustes ramures
Onduler sur la plaine et moutonner dans l'air,
Pareils aux flots mouvants et féconds de la mer !

André THEURIET.

Quand je suis parmi vous, arbres de ces grands bois,
Dans tout ce qui m'entoure et me cache à la fois,
Dans votre solitude où je rentre en moi-même,
Je sens quelqu'un de grand qui m'écoute et qui m'aime.

Victor HUGO.

Aimez et vénérez, ne tuez pas les arbres ;
Un pays meurt, après que ses grands bois sont morts ;
Aucun n'est protégé par les splendeurs des marbres
Et, les abris perdus, les peuples sont moins forts.

Jean LAHOR.

L'arbre nous fait l'eau,
L'eau nous fait le pré,
Le pré, le troupeau,
Le troupeau, l'engrais,
Et l'engrais, le blé.

PARQUET, instituteur.

UN COUPLET OUBLIÉ DE LA MARSEILLAISE.

Arbre chéri, deviens le gage
De notre espoir et de nos vœux ;
Puisses-tu fleurir d'âge en âge
Et couvrir nos derniers neveux !
Que sous ton ombre hospitalière
Le vieux guerrier trouve un abri,
Que le pauvre y trouve un ami,
Que tout Français y trouve un frère :

Rouget de LISLE.

MODÈLE DE STATUTS

D'UNE SOCIÉTÉ SCOLAIRE PASTORALE-FORESTIÈRE.

ARTICLE 1ᵉʳ. — Il est fondé entre les élèves, anciens élèves et amis de l'école d   , une Société ayant pour but :

1º De les attacher à la petite patrie qu'est la commune, en les intéressant à sa prospérité et en les encourageant à mettre en commun leurs efforts pour l'accroître ;

2º De développer ainsi chez eux les sentiments de solidarité et d'affection réciproque.

Pour atteindre ce but, elle s'occupera plus spécialement :

1º D'organiser l'enseignement mutuel des notions pratiques de sylviculture et d'amélioration pastorale ;

2º De mettre en valeur les terrains particuliers ou les terrains communaux qui lui seront confiés par l'administration municipale, soit par le reboisement, soit par l'amélioration rationnelle de la culture pastorale ;

3º D'assurer la conservation des nids, la protection des oiseaux destructeurs d'insectes nuisibles aux cultures de la région.

ART. 2. — La durée de cette Société est illimitée. Son siège est à

ART. 3. — Elle comprendra des membres actifs et des membres honoraires : les membres actifs sont ceux qui fournissent un travail effectif ; les membres honoraires sont ceux qui, par leurs cotisations, leurs dons en argent ou en nature, favorisent l'œuvre de la Société.

ART. 4. — La Société est placée sous le patronage d'un comité composé :

1º De l'inspecteur primaire ; 2º d'un agent des eaux et forêts ; 3º du maire de la commune.

Elle est administrée par un conseil composé :

1º De l'instituteur, qui remplit les fonctions de président ; 2º de   administrateurs élus chaque année par les membres honoraires et actifs. Les administrateurs sont rééligibles.

ART. 5. — L'admission des membres est prononcée par le conseil d'administration.

ART. 6. — Les ressources de la Société se composent :

1º Des cotisations et des dons des membres actifs ou honoraires ;

2º Des subventions de l'État, de la commune, du département ou des Sociétés forestières.

La Société pourra recevoir des livres, des plants, des outils, des graines, des engrais.

ART. 7. — Les ressources de la Société sont placées en dépôt à la Caisse d'épargne. Le retrait des fonds ne pourra être décidé que par la majorité du conseil.

ART. 8. — Les engagements de l'association vis-à-vis des tiers sont garantis par le fonds social ; les membres sont dégagés de toute responsabilité personnelle.

ART. 9. — Le trésorier est élu par le conseil et pris dans son sein ; il est chargé du maniement des fonds ; il est régisseur comptable des sommes qui lui sont confiées.

ART. 10. — Les travaux de la Société ne pourront s'exercer que sur des terrains mis en défens par l'administration communale ou sur des terrains de particuliers qui en feront la demande à la Société.

ART. 11. — Dès sa formation, la Société établira un règlement intérieur déterminant exactement la nature, l'étendue et la répartition des travaux à entreprendre ; à ce règlement sera annexé le plan des terrains confiés par la commune à la Société. Ce règlement devra être approuvé par le comité de patronage.

ART. 12. — Chaque année le conseil se réunira obligatoirement pour élaborer un plan de travail de l'année et dresser un tableau résumé des travaux effectués dans l'année. Copie de ce plan et de ce résumé sera adressée à M. l'Inspecteur des Eaux et Forêts et à M. l'Inspecteur primaire.

ART. 13. — Les ressources seront employées :

1º A l'acquisition des plants, graines, outils, matériaux destinés à la culture ;

2º A des encouragements décernés par le conseil d'administration aux membres actifs les plus méritants ; ces encouragements consisteront soit en sommes versées à un livret de caisse d'épargne ou de caisse de retraites pour la vieillesse, soit en livres relatifs à l'objet même de la Société, soit dans la délivrance de plants forestiers ou fruitiers.

ART. 14. — Le droit de vote en assemblée générale n'appartient qu'aux sociétaires âgés de plus de douze ans.

ART. 15. — L'assemblée générale des membres actifs et honoraires se réunit obligatoirement une fois par an pour l'approbation des comptes du trésorier.

ART. 16. — On cesse de faire partie de la Société par l'exclusion prononcée en assemblée générale à la majorité des votants, ou par démission volontaire acceptée par cette même assemblée. La sortie de l'association par décès, départ, démission ou exclusion, entraîne pour le sociétaire la perte de tous droits au fonds social.

Art. 17. — Le montant de la cotisation annuelle est fixé à 2 francs.

Art. 18. — En cas de dissolution, l'actif social sera affecté à une œuvre scolaire.

FORMALITÉS A REMPLIR.

Les sociétés scolaires pastorales-forestières ont intérêt à faire à la Préfecture où à la Sous-Préfecture une *déclaration de fondation*, en application de la loi du 1er juillet 1901. Cette déclaration, formulée sur timbre à 0 fr. 60, est signée par le président et le secrétaire. Elle indique la date de l'établissement de la société,

son siège, son but, sa durée et fait connaître les membres du Conseil d'Administration. A la déclaration on joint deux copies également sur timbre des statuts et un mandat de 1 fr. 80 pour le timbre du récépissé.

Après réception du récépissé de déclaration, on fait insérer au *Journal officiel* la déclaration de fondation, qui comprend une rédaction de trois lignes environ et peut être libellée ainsi qu'il suit :

Date de la déclaration : . Titre et siège social : Société scolaire pastorale-forestière de (dép.) Objet : Mises en valeur pastorales-forestières. On s'adresse dans ce but à MM. Lagrange et Cie, 8, place de la Bourse, à Paris (II), et on leur demande trois numéros justificatifs dont l'un est adressé à M. le Préfet ou Sous-Préfet. — Le prix de l'insertion est de 3 francs la ligne. On y ajoute 0 fr. 70 pour frais d'insertion et envoi de trois numéros.

LES MUTUELLES SCOLAIRES FORESTIÈRES.

Les sociétés scolaires de secours mutuels et de retraites dites : *Petites Caové*, du nom de l'homme de bien qui en a été le fondateur, ont pour but :

1° D'accorder aux enfants sociétaires une indemnité en cas de maladie. (Cette indemnité est payée à leurs parents et varie généralement entre 0 fr. 40 et 0 fr. 50 par jour).

2° De procurer à chacun d'eux un livret personnel de la caisse nationale des retraites à capital réservé ou aliéné.

3° De leur faciliter, à leur sortie des classes, l'admission dans une société approuvée de secours mutuels d'adultes.

Ces sociétés placent généralement leurs fonds dans les Caisses d'épargne, ou, plus avantageusement, à la Caisse des Dépôts et Consignations. Bien souvent, elles auraient plus d'avantages encore à les placer dans des acquisitions de terres improductives ou de forêts ruinées qu'elles mettraient en valeur par des plantations forestières. La loi du 1er avril 1898 sur les sociétés de secours mutuels leur concède cette faculté. L'art. 17 de cette loi stipule en effet que les sociétés approuvées pourront, sous réserve de l'autorisation du Conseil d'État, recevoir des dons et legs immobiliers. Et l'art. 20 les autorise à posséder et à acquérir des immeubles jusqu'à concurrence des trois quarts de leur avoir, à les vendre et à les échanger.

Les statuts des sociétés scolaires de secours mutuels et de retraite sont connus. Ils imposent aux adhérents une cotisation hebdomadaire de 0 fr. 10, dont la moitié,

soit 0 fr. 05, doit être, en général, affectée à la constitution d'un livret personnel de retraite à capital réservé ou aliéné. (1)

Pour permettre à ces sociétés d'utiliser la *capitalisation forestière*, qui aurait souvent pour résultat de décupler leurs fonds de retraite en 40 ou 50 ans, il suffirait d'introduire dans leurs statuts les modifications ou additions suivantes :

FONDS SOCIAL.

Le fonds social pourra, jusqu'à concurrence des trois quarts de sa valeur, être affecté à l'acquisition de terres incultes ou de bois ruinés destinés à être mis en valeur par des travaux forestiers. Ces acquisitions devront être soumises à l'acceptation de l'Assemblée générale.

DES OBLIGATIONS ENVERS LA SOCIÉTÉ.

Les sociétaires s'engagent à fournir pour l'exécution des travaux de mise en valeur forestière les journées de main-d'œuvre dont le nombre et la durée seront fixés chaque année par le Conseil d'Administration ; toutefois des exemptions pourront être accordées aux enfants malades ou qui justifieraient d'un motif d'absence plausible ; ou enfin qui consentiraient à se faire remplacer ou à payer dans la caisse de la société une somme équivalente à la valeur des journées.

(1) On inscrit en outre sur ce livret une part des cotisations des membres honoraires et des subventions d'État.

Un état sera tenu des journées de main-d'œuvre effectuées par chaque sociétaire. A la fin de l'année, on inscrira sur son livret individuel une somme déterminée par le Conseil d'Administration et représentant en tout ou en partie — suivant les ressources disponibles — la valeur des journées fournies.

Les terrains ainsi mis en valeur par des plantations forestières seront assimilés au *fonds commun de retraite*, consigné conformément au décret du 26 avril 1856. Ils seront soumis au régime forestier, et aménagés en vue de la destination de ce fonds commun qui est de constituer des pensions de retraite aux sociétaires âgés de plus de cinquante-cinq ans et faisant partie de la société depuis plus de quarante ans.

RENSEIGNEMENTS PRATIQUES.

Essences convenant aux diverses natures de terrains à repeupler (1).

SOLS	ESSENCES	SOLS	ESSENCES
Siliceux, sablonneux, arides.	Pin maritime, pin pinier, chêne tauzin, pin d'Alep, chêne yeuse (climats du Midi de la France), pin sylvestre.	Sols calcaires et argilo-calcaires.	Pin noir d'Autriche, pin laricio de Corse, hêtre, érable sycomore, robinier, pin d'Alep (Midi), pin sylvestre, épicéa, sapin (pourvu que le sol soit assez profond), noyer.
Sols siliceux, sablonneux, frais.	Résineux en général, chêne rouvre, charme, châtaignier, bouleau, robinier.		
Sols légers, granitiques.	Mêmes espèces que ci-dessus. Sur les coteaux : le hêtre ; dans les vallées : le frêne.	Sols marécageux assainis.	Aune commun, épicéa, pin sylvestre, saule, frêne.
Sols siliceux-argileux.	Pin sylvestre, épicéa, sapin, chênes rouvre et pédonculé, hêtre, châtaignier, orme, charme, bouleau, érable, frêne.	Sols à fonds mouillés, sujets à être inondés.	Aune commun, frêne, peuplier, saule.
		Bruyères et landes.	Pin sylvestre, pin maritime (région sud-ouest).

Observation. — On prendra soin de ne planter autant que possible que les essences existant dans la région, ou y ayant été plantées avec succès.

On prendra soin également de ne pas dépasser les limites d'altitude indiquées plus haut (page 18) pour les principales essences.

LOIS ET DÉCRETS

POUR FAVORISER EN FRANCE LES REBOISEMENTS ET LES AMÉLIORATIONS PASTORALES.

1° DÉGRÈVEMENTS OU EXEMPTION D'IMPÔTS.

Loi du 3 Frimaire an VII. — Art. 116. Le revenu imposable des terrains qui seront plantés ou semés en bois ne sera évalué pendant les 30 premières années de la plantation ou du semis qu'au quart de celui des terres d'égale valeur non plantées.

(1) Extrait de l'*Aide-mémoire du forestier* publié par la Société forestière de Franche-Comté et Belfort (1900).

Observation. — Cet article permet d'obtenir le dégrèvement des 3/4 de l'impôt foncier pour les terrains que l'on veut reboiser.

Code Forestier. — Art. 226. Les semis et plantations de bois *sur le sommet et penchant des montagnes, sur les dunes et dans les landes* seront exempts de tout impôt pendant trente ans.

Formalités à remplir. — La demande d'exemption ou de réduction d'impôt doit être présentée comme les demandes en décharge ou réduction concernant la contribution foncière des propriétés non bâties. Elle doit être adressée au sous-préfet ou au préfet. Si elle a pour objet une cote égale ou supérieure à 30 francs, elle doit être écrite sur papier timbré. On doit y joindre la quittance des termes échus ainsi que *l'avertissement* ou un *extrait du rôle*.

Les communes ou établissements publics ont d'autant plus d'intérêt à réclamer les exemptions d'impôt, qu'elles sont affranchies en même temps de la taxe des biens de main morte.

2° SUBVENTIONS ET ENCOURAGEMENTS DE L'ÉTAT.

Loi du 4 avril 1882 relative à la restauration et à la conservation des terrains en montagnes. — Art. 5. Dans les pays de montagnes, des subventions seront accordées aux communes, aux associations pastorales, aux fruitières, aux établissements publics, et aux particuliers, à raison des travaux entrepris par eux pour l'amélioration, la consolidation du sol et la mise en valeur des pâturages. — Ces subventions consisteront soit en délivrance de graines ou de plants, soit en argent, soit en travaux.

Formalités. — Pour obtenir une subvention en application de cette loi, il suffit de s'adresser au service local des Eaux et Forêts qui fournira un modèle de demande et toutes les indications nécessaires pour l'établir. — Si les terrains à reboiser appartiennent à une commune ou à un établissement public, ils seront, après l'exécution des travaux, soumis de plein droit au Régime forestier.

Décret du 30 décembre 1897 (Extrait). Art. 1. — Il est créé au ministère de l'Agriculture (Direction des forêts) un service *des améliorations pastorales*... auxquels ressortissent les études et les travaux relatifs aux objets ci-après :

Mise en valeur, aménagements et amélioration des pâturages communaux dans les régions pastorales ou forestières.

Application de la loi du 4 avril 1882 en ce qui concerne la réglementation des pâturages communaux et la mise en défens.

Aménagement et utilisation agricole des eaux dans les régions pastorales ou forestières.

Formalités. — Pour obtenir une subvention sur le crédit des *améliorations pastorales*, — ou le concours d'un agent technique pour les travaux de mise en valeur pastorale et forestière des pâturages communaux — ou pour études relatives aux objets indiqués ci-dessus dans le décret, il suffit d'adresser une demande à M. le Ministre de l'Agriculture (Direction générale des Eaux et Forêts) en y joignant, s'il y a lieu, le devis de la dépense présumée. — L'allocation d'une subvention pour ces travaux n'entraîne pas la soumission des terrains au Régime forestier.

3° PRÊTS A LONGUE ÉCHÉANCE.

Loi sur les avances aux sociétés coopératives agricoles. — Cette loi (promulguée le 29 décembre 1906) va permettre aux sociétés coopératives agricoles et notamment aux syndicats pastoraux ou forestiers qui seront affiliés aux *caisses locales de crédit mutuel*, d'obtenir des *caisses régionales de crédit agricole* des *avances* ou *prêts* remboursables dans un délai maximum de 25 ans.

SUBVENTIONS
ET ENCOURAGEMENTS DIVERS.

Certains conseils généraux allouent chaque année des crédits pour encourager par des subventions les communes, sociétés scolaires, particuliers, qui entreprennent des travaux de plantations ou d'améliorations pastorales. Quelques départements ont installé des pépinières entretenues en partie à leurs frais, en partie aux frais de l'État, où l'on peut se procurer gratuitement ou à bas prix des plants forestiers ou fruitiers. Pour participer à ces subventions ou délivrances de plants, il suffit d'adresser une demande à la Préfecture.

Il existe en France un certain nombre de sociétés forestières auprès desquelles les particuliers planteurs et les sociétés scolaires peuvent trouver un bienveillant appui et de précieux encouragements. Ces sociétés délivrent des graines et plants forestiers et fruitiers, distribuent des récompenses : médailles, diplômes, livres, gravures, livrets de caisse d'épargne, gratifications aux planteurs et sociétés les plus méritants. Quelques-unes publient des bulletins contenant d'utiles renseignements sur toutes les questions sylvo-pastorales. Nous citerons :

1° La *Société forestière française des Amis des arbres* dont l'action s'étend à tout le territoire français. Elle a son siège social au Touring-Club, 65, avenue de la Grande-Armée, Paris.

Cette société comprend actuellement 5 sections affiliées :

Section lorraine des Amis des arbres, à Nancy (Meurthe-et-Moselle).

Section d'Annecy des Amis des arbres, à Annecy (Haute-Savoie).

Section de Tarentaise des Amis des arbres, à Moutiers (Savoie).

Section d'Auvergne des Amis des arbres, à Clermont-Ferrand (Puy-de-Dôme).

Section du Chablais, à Thonon (Haute-Savoie).

(D'autres sections sont en voie de formation.)

2° La *Société forestière de Franche-Comté et Belfort*, à Besançon (Doubs).

3° La *Société des Amis des Arbres*, à Toulouse (Haute-Garonne).

4° L'*Association des sylviculteurs de Provence*, à Marseille.

5° La *Société des Amis des arbres*, à Nice (Alpes-Maritimes).

6° Le *Ligue du reboisement* (Algérie).

7° La *Société pour l'aménagement des Montagnes*, à Bordeaux (Gironde).

8° La *Société pour l'aménagement des montagnes*, à Grenoble (Isère).

TABLE DES MATIÈRES

PARIS. — IMPRIMERIE L. POCHY, 117, RUE VIEILLE-DU-TEMPLE.

LE BERGER DES PYRÉNÉES (Rosa Bonheur)

(Cliché L. L.)

Triste autour de sa propre ruine. — Les moutons semblent lui réclamer l'herbe absente. On voit les restes des arbres brûlés par le dernier incendie que dans son inconscience il a lui-même allumé.